新潮文庫

トヨタ伝

読売新聞特別取材班著

トヨタ伝＊目次

本文写真提供・読売新聞社
（クレジットのあるものを除く）

トヨタ伝

プロローグ

ベンチで耳を澄ませていると、その投手の速球は、指からボールが離れる瞬間に、「ピチッ」というかすかな音がした。「バシッ」と聞こえたという選手もいて、それは強靱《きようじん》な手首を返す音なのだと解説された。後にそんな伝説に包まれる剛球は、いつもならさっぱり制球が定まらないのだが、この日は未来の輝きを予感させるかのように、キャッチャーの構えるところにびしびしと決まった。

一九五三年十二月、伊豆《いず》の伊東《いとう》球場で立教大学野球部の新入部員選考会が開かれていた。来春卒業予定の有望な高校球児を全国から集めて紅白試合をやらせ、ものになると判断されれば推薦入学が決まるのである。

まだ幼さの残るその青年は、偶然が重なってマウンドに立っていた。夏の全国高校野球愛知県予選も二回戦で敗退していた。杉浦忠《ただし》という球児の真価を知る者は、グラウンドにはいなかった。愛知県挙母《ころも》市の県立挙母高校という無名校の生徒である。

選考会に参加したものの、杉浦は一般入試で早稲田大学に入学しようと考えていた。愛知県予選の一回戦で好投した時の球審が、たまたま立教のOBだった縁で呼ばれたのだった。

相手チームは、甲子園の出場者や評判の高い選手で固めた入学内定組である。一方の杉浦は未定組の先発だったが、細身の体をしならせて投げ込む球は、捕手のミットに小気味よく吸い込まれ、三回を一安打に抑えてしまった。たった一本のヒットを放ったのは、後に読売巨人軍の四番となる長嶋《ながしま》茂雄だった。

二人は東京六大学野球で立教の黄金時代を築いた後、五八年に、プロ野球の南海（現・ソフトバンク）ホークスと巨人に入団し、それぞれパ・リーグとセ・リーグの新人王を獲得した。そして、翌年には、日本シリーズの覇権を争った。闘志の長嶋に対して、物静かな杉浦は、来る年も来る年も巨人に敗《ま》け続けた監督・鶴岡一人《つるおかかずと》に背中を押され、四連投し、四連勝した。

一、三、四戦は先発だった。第二戦は救援登板である。ボールを握る右手中指のマメをつぶし皮がべろんとむけたが、「サブマリン投法」と呼ばれる美しい下手投げから、地を這《は》って浮き上がる速球と外角を横切るカーブ、シュートを投げ込み続けた。ボールには血がついていた。四戦目の完封を含めて三十二イニング四百三十六球を投げ切り、南海を初の日本一へと導いた。長嶋も十二打数三安打に抑え込んだ。この年、杉浦は三十八勝四敗、防御率一・四〇。デビューした前年にも二十七勝を挙げており、わずか二年で六十五勝という驚異の記録を打ち立てた。

しかし、彼がいかに活躍しても、「挙母」という郷土の地名が知れ渡ることはなかった。南海が日本シリーズを制覇したその五九年の一月に、挙母市は「豊田市《とよた》」に市名変更されていたからである。

「せっかく頑張って勝ったのに、挙母はもうないんだな。残念だ」と杉浦は知人に漏らした。

古事記にもあった「挙母」の名を飲み込んだのは、トヨタ自動車株式会社という大企業の存在である。「由緒《ゆいしょ》ある挙母の名前を捨ててでも、トヨタと一蓮托生《いちれんたくしょう》の道を歩みたい」と、企業城下町であり続ける選択をした市当局は、トヨタ自動車の社名を冠して市名とし、本社所在地に〈豊田市トヨタ町一番地〉という番地を提供した。

大工場のあるところに企業城下町はあるが、自治体の名前そのものを企業名に変えてしまったところは、この豊田市以外にはない。さらに興味深いのは、土地台帳によると、トヨタ町の枝番は六六八番地まであるというのに、広大な一番地以外は知られていないことだ。豊田市トヨタ町は、トヨタという企業のために生まれたからである。
それから四十四年が過ぎ、〈トヨタ町一番地〉は、二十四万六千七百人に及ぶトヨタグループ社員の〝聖地〟となった。その中心には、創業家である豊田《とよだ》家があり、「小さな宗教国家」とも言える独特の企業社会を支える不思議な重臣たちがいる。

例えば、トヨタには、東京で何十年も単身赴任を続けた役員がいる。副社長・上坂《うえさか》凱勇《よしお》（現・豊田通商監査役）の場合は三十年近い。三期下で、渉外・広報担当専務だった神尾隆《たかし》（現・東和不動産社長）も約二十年に及ぶ。いずれも、豊田市に近い名古屋市内に家族を残し、東京で暮らしていた。

上坂は、国家総動員法が施行された一九三八年生まれだ。関西学院大学商学部卒。同大ボート部主将を務めた偉丈夫で、六二年に当時のトヨタ自動車工業に入社した。「渉外・広報部門統括」担当となっていたが、東京の永田町では、有名な「政界番」である。

トヨタは、自民党の政治資金団体「国民政治協会」に対して、二〇〇〇年に六千五百四十万円、翌二〇〇一年にも六千四百四十万円の献金をしている。企業単独では、二〇〇一年に四千万円の献金をして第二位の新日本製鉄を大きく引き離す献金額である。これとは別に、トヨタは日本自動車工業会の一員としても、自民、民主、保守党に多額の献金をしていた。

これらの主要な窓口となったのが上坂だった。

「盆と暮れに、トヨタから百万ずつもらっていたかな。ちゃんとした表の資金だよ。上坂君は、トヨタグループの政治資金を仕切っているからね。温顔だが慎重な男だよ」と、自民党の元総務会長は言う。

羽田内閣の官房長官だった熊谷弘《くまがいひろし》（元・保守新党代表）は、九四年に羽田内閣が総辞職した後、トヨタに挨拶《あいさつ》に行った。彼は小沢一郎（前民主党副代表）の側近だったが、その時、上坂に言われた言葉が心に残っている。

「角さん（田中角栄元首相）は気配りの人ですね。満座の席で身内の議員を面罵《めんば》しても、帰る頃になると、自宅の台所に連れていって、『いろいろあるが頼むぞ』と、新聞紙にくるんだ資金を渡して、ほろりとさせるようなところがありました。小沢さんはどうですか。厳しすぎるとしたら、熊谷さん、それは側《そば》にいる方の責任でもありますよ」

控えめな言葉だったが、「よく見ている」と、駆け引き上手の熊谷もうなった。

あまり知られていないが、トヨタの政治力は、元経済団体連合会（経団連）会長・

平岩外四を擁した東京電力の首脳をして、「うちの百倍はある」と言わしめたほど抜きん出ている。ただし、その力は目立たない。「空気のようなもんだ。じわりとしているが、誰も無視できない」とは、自動車議員連盟会長だった元蔵相・三塚博《ひろし》の弁である。

その力の源泉が、二〇〇三年三月期連結決算で一兆四千百四十億円もの経常利益を出したトヨタの勢いと、豊富な政治資金にあるとしても、上坂ら渉外担当の汗と気配りが、資金を生きたものにしていることは間違いない。

上坂の名前は新聞や雑誌にはほとんど登場しない。黒子に徹しているのである。最近では、日本経団連企業人政治フォーラムの名簿が新聞に掲載された時と、保守党（当時。現在は自民党所属）の衆院議員・二階俊博《としひろ》のホームページにちらりと載ったぐらいのものだ。ちなみに、そのホームページにはこう記載されていた。

〈保守党の新しい街頭宣伝車輛《しゃりょう》が完成しました。本日、午前、党本部前駐車場で海部《かいふ》最高顧問、野田党首、二階幹事長をはじめとする党幹部が出席し、納車・披露が行われました。車を作製したトヨタ自動車上坂副社長から野田党首にエンブレムの鍵《かぎ》が手渡されました。さらに出席議員全員でくす玉が割られ、花吹雪の中、新しい街宣車は出発しました〉

上坂が住んでいたのは、東京都千代田区紀尾井町にある高層ビルの役員宿舎である。二十六階建のそのビルは、斜め前の参議院議員宿舎を見下ろすかのようだ。かつてこの土地の一角にトヨタの社員寮があった。同じビルの十九階には、座敷や応接室を備えたトヨタの接待施設「トヨタ紀尾井倶楽部《クラブ》」があって、上坂はしばしば、「迎賓館」と呼ばれるこの施設でVIPの接客にあたり、そのまま自室に上がっていって休んだ。究極の職住接近という人もいるが、単身生活が楽しいわけがないだろう。

彼らはなぜ、家族を呼び寄せて東京に居を構えないのだろうか。

ある元役員は「それでは、トヨタの人ではなくなるから」と言った。

トヨタが世界企業に成長した今も、彼らが帰るべき所は、創業者の豊田喜一郎《きいちろう》が拠点とした三河の地、〈トヨタ町一番地〉なのである。どんなに東京暮らしが長かろうと、豊田市の周辺、せめて名古屋に家を構えているということが、トヨタの重臣たちのアイデンティティーなのだという。

トヨタ会長の奥田碩《ひろし》も、豊田市に隣接する愛知県岡崎市に自宅を構えている。本社まで車で二十分だ。東京での仕事が多い社長・張《ちよう》富士夫（現・副会長）もまた、自宅は豊田市内に置いている。わずか五分で本社に駆けつけられる。

かつてトヨタ本社で働いた作家の上坂冬子は、〈賞すべきは労使ともにゆるぎなきその土着性である〉とトヨタを評した。

豊田市に根付いた工員の中には、「おれたちがトヨタの旗本だ」と胸を張る者もいた。トヨタの職業訓練校出身の「養成工」の一人である。

トヨタ独自の副読本と教育によって、トヨタDNA（遺伝子）を刷り込まれた養成工たちは、工員の中でも優遇され、生産現場を支える技能者に育っていく。その中から「神様」も生まれた。「末は工長か、重役か」と言われるほどに現場が仰がれた時代の「工長」、つまりラインの係長のことである。

たった一人だけだったが、その現場の神様たちを叱《しか》りつけることのできる「大神様」もいた。職人技を排し、徹底的な合理化を求めるトヨタの「かんばん方式」を確立した元副社長・大野耐一《たいいち》のことだ。

大野と同じ時代には、大争議を経験して、トヨタ式労務政策の土台を築いた元副社長・山本正男がいた。彼らは、縦、横、斜めに社内団体を組織し、全社員に絆《きずな》の網をかけていく。

トヨタ自動車は、自動織機を発明した豊田佐吉《さきち》を礎《いしずえ》として、一九三七年に長男の喜一郎によって誕生している。佐吉の独創性や、自動車づくりに賭《か》けた喜一郎の情熱は、喜一郎のいとこの英二や長男の章一郎ら、豊田家が輩出した次代のリーダーたちに受け継がれ、培《つちか》われて、トヨタの躍進につながった。だが、その危機と飛躍を支えたのは、「トヨタ語」という独特の言葉と考え方でつながった番頭、忠臣たちであり、無数の〝黒子〟たちだった。

第一章 豊田家

喜一郎、利三郎の50回忌で墓参りする豊田家の人々（2001年3月25日）

二つの五十回忌

トヨタの求心力

小雨の降る、まだ肌寒い昼ごろだった。

名古屋城を望む名古屋市西区のホテル「ウェスティンナゴヤキャッスル」の正面玄関に、トヨタの黒塗り高級車、センチュリーやセルシオが続々と滑り込んできた。車から降りてきたのは、トヨタ自動車会長の奥田碩、社長の張富士夫をはじめトヨタグループ各社のトップや販売店の代表者、そして、豊田自動織機とトヨタ自動車の創業家である豊田《とよだ》一族の面々だった。

ホテルで最も大きな宴会場「天守の間」の上座には、白いカサブランカやピンクのバラが飾られ、スポットライトを浴びたモノクロの二枚の肖像写真が彼らの到着を待っていた。「織機王」豊田佐吉の長男・喜一郎と、佐吉の婿《むこ》養子となった利三郎《りさぶろう》の二人である。

エンジニアで、一九三七年、トヨタ自動車工業を創業した喜一郎と、経理に明るく、トヨタの初代社長となった利三郎の義兄弟は、奇《く》しくも五二年に、相次いで亡《な》くなった。

それから四十九年後の二〇〇一年三月二十五日、日曜日に合わせて、この二人の五十回忌を記念した盛大な昼食会が、喜一郎の長男でトヨタ名誉会長・豊田章一郎《しょういちろう》の主催で開かれようとしていた。

参列者約百人の座を仕切る司会は、その章一郎の長男で、佐吉の曾孫《ひまご》にあたる同社取締役の章男《あきお》（現・副社長）である。正午を回ったころ、章一郎の挨拶《あいさつ》で会は始まった。佐吉、喜一郎、章一郎、章男と続く豊田の「本家」。それに次いで、「新家」の屋号で呼ばれる利三郎の一族を代表し、二男で豊田通商相談役の大吉郎が挨拶に立った。二人の功績を讃《たた》えた伝記ビデオを見ながら、和やかな雰囲気の中で食事は進んだ。デザートが配られたころ、招待客代表として締めの挨拶に立ったのは奥田だった。

「二人の研究開発に注いだ情熱とモノづくりにかけた熱い思いは、今でいうベンチャー精神と言えるでしょう。このトヨタＤＮＡは先達たちから引き継がれ、現在のトヨタを作り上げています」

トヨタの最高実力者が、創業者から今に続く一筋の流れを強調した。

三河生まれの世界企業の中核には常に「豊田家」があった。太平洋戦争、大労働争議、高度成長、バブル……と、時代が大きく変わる中で、今なお巨大企業の求心力であり続けている。

祖先を大切にする豊田家らしい集まりだ、と張は思う。

「席順は、血のつながりのない自動車販売店や部品の協力メーカーが最前列で、次が我々トヨタグループの会長、社長。豊田家の人たちは末席です。決して前に出ることはない。この厳しい時代、グループがまとまらなければ乗り切っていけない。こうしたことが精神的な求心力になっているんでしょうね」

創業者をしのぶ昼食会が、豊田家の持つ意味を改めて認識する場になった、と張は言うのである。

そのナゴヤキャッスルから車で二十分ほど東に行った高台に、こぢんまりとした寺がある。名古屋市千種《ちくさ》区城山町にある豊田家の菩提寺《ぼだいじ》「常楽寺」である。ホテルで喜一郎、利三郎をしのぶ昼食会が始まる二時間ほど前のことだ。豊田家の人々と近親者が、この寺に集まっていた。

薄紅色のしだれ桜がほころび始め、咲き終わりの白い水仙が露を帯びている。田舎の庭先といった趣の境内は、巨大企業の創業家の菩提寺とは思えないほどに小さく、一族が乗ってきた運転手付きの高級車十数台が並ぶと、その半分ほどを占めてしまう。盆や正月も別々に過ごす一族が唯一《ゆいいつ》集合するのが、節目、節目の法要の時だ。喜一郎、利三郎の合同の法要は二十数年ぶりでもあったから、体調を崩して出られなかったトヨタ自動車最高顧問の豊田英二《えいじ》夫妻以外は、ほとんどの関係者が出席した。

　章一郎の弟で、病気で社長の座を去った達郎も、杖《つえ》をつきながらゆっくり寺に入った。章一郎の妹・和可子を妻にした元建設相の斉藤滋与史《しげよし》も車椅子《いす》で駆けつけていた。

　章一郎が「あっくん」と呼ぶ長男の章男や孫たちもいる。互いの子供たちの成長ぶりを喜び合う和やかな雰囲気の陰で、車椅子の世話をしたり法事の和菓子を配ったり、忙しく動き回るトヨタの秘書部長ら会社関係者の姿もあった。

　法要後は、代々の墓がある近くの日泰寺に場所を移し、喜一郎や利三郎の墓参りをした。

　最後に章一郎が二人の墓に手を合わせたのを見届けると、その周囲に集まった三十人ほどが一斉にお辞儀をした。一族の結束が再確認された瞬間だった。

　その二日後の二十七日は、喜一郎の命日である。日泰寺の墓前には、再びスーツ姿の男たちが集まっていた。トヨタ自動車のルーツでもある豊田自動織機の社員たちだった。

トヨタでは、佐吉を「創祖」、利三郎を「初代社長」、二代目社長の喜一郎を「創設者」と呼んでいる。中でも、佐吉と喜一郎は神格化された存在だ。

〈君たちの学園歌に――創祖の理想うけつぎて――とうたわれています。創祖とは、喜一郎の父、豊田佐吉のことです。トヨタの歴史は、先《ま》ず豊田佐吉を語ることから始めなければなりません。

今日のトヨタという大きな流れをさかのぼって、その源を探し求めますと、ついに豊田佐吉という泉につきあたり、水はそこから流れ出ていることをつきとめることができるからです。

君たちはもう「とよださきち」という名を聞いても、どんな人物か知らない人も多いでしょう。しかし、相当の年配の日本人なら、すぐに明治・大正二代にわたる発明王、特にわが国の織物業の大恩人であり、日本の偉人の一人であると知らない人はありません。佐吉の苦心の発明物語は、戦前の小学校の国語教科書にものせられ、日本人全部がこれを学んだのです〉

これは、トヨタの職業訓練校「トヨタ工業学園」の副読本から抜粋した文章である。中学校を卒業した若者に読ませるにしては、嚙《か》み砕き過ぎているようにも思えるが、『トヨタの歴史』と名付けられたこの副読本は、佐吉伝というべき「創祖　豊田　佐吉翁《おう》」に十八ページ、喜一郎を紹介したプロローグと、「苦難の道　豊田　喜一郎」の章に五十七ページを割いている。これに対して、利三郎の記述は、

〈佐吉はかって他人の力に頼ったために、苦い水をのまされた経験が身にしみて、事業は自力で、自分の身内で固めなければならない、と考えました。そこで、裸一貫時代に、佐吉のよき理解者であり、よき援助者であった三井物産の児玉《こだま》一造の弟、利三郎を長女愛子の夫とし、大正四年豊田家に迎え入れました。利三郎は当時、若くして伊藤忠商事《いとうちゆう》のマニラ支店長となり、実務の経験を重ねていましたので、発明家佐吉の片腕として、経営者としての実力を思う存分発揮することができました〉

という程度だ。トヨタの中で、豊田本家の二人がいかに重んじられているかがうかがえる。

この副読本のプロローグは、

〈君たちは、トヨタ本館の前を通るたび、その正面玄関前の広い芝生の中央に立っている一基の胸像を見かけるでしょう〉

と呼びかけるところから始まっている。

〈そばへ寄って、よく見ると、その台石には

創設者　豊田喜一郎之《の》像

と彫られています。

かすかに笑みを浮かべた温顔の人、そうです、トヨタ自動車を創設したのは、この胸像の主、豊田喜一郎（とよだきいちろう）なのです。

わが国は、明治になってから、欧米先進国の近代文化をとり入れて、急速な発展をとげました。その近代化の急スピードは、奇跡的とさえいわれて、世界の人々を驚嘆させました。太平洋戦争によって、日本全土は焦土と化し、経済は壊滅的な打撃をうけましたが、祖国復興に立ち上がった国民は、わずか三十年で見事な高度成長をなしとげ、またまた世界の人々を驚かせました。国民もまた、日本民族の優秀性について、ゆるぎない自信を持ったのです。

今日の日本経済が、戦前と最もちがう特徴の一つは、クルマ社会、モータリゼーションということです。戦後、あらゆる産業が成長発展をとげましたが、その中で最も急激な発展をとげたのは自動車産業であり、現在、ヨーロッパの先進国を抜いて、ア

メリカについで世界第二位の生産を誇っており、地球上至るところに日本車が走っています。日本の自動車産業で大量生産設備に、日本人でなくては持ち合わせない手先の器用さを利用しようと考えたのが、豊田喜一郎であり、トヨタ自動車なのです。君たちは、日本全国各地から、この誇り高いトヨタで働こうとの決意を胸に秘めて、学園に集まりました。トヨタで生きようとする者は、先ずトヨタの歴史を知らなければなりません。トヨタ四十年の歴史を学び、その中からトヨタの理想をくみとり、トヨタの精神を身につけることが、君たちにとって、先ず第一の大切な仕事です〉

あらゆる機会を通じて、トヨタは会社の源流とDNAを植え付けようと努めている。墓参りもその一つだ。

豊田自動織機では、会社を興《おこ》した佐吉の墓だけでなく、喜一郎、利三郎の命日にも、部長会、課長会、班長会など職制会の代表が墓参をする。社内的には出張扱いの業務である。三月二十七日には、人事異動で昇進したばかりの八人が顔をそろえていた。日泰寺の中で、豊田家の墓地の区画は約三百平方メートルもあり墓石も三十基近い。迷わないように、引率役の庶務係長が墓の配置図と線香を配り、声を掛けた。

「今日は、喜一郎さんの命日です。せっかくですから佐吉翁、利三郎さんのお墓もお参りしてください」

その言葉を合図にして、参加者は墓を一つひとつ確かめながら、線香を手向けていった。

「創業者の佐吉翁や喜一郎さんたちは遠い存在かと思っていましたが、墓参りに来て親近感を感じました」

三十代の班長の男性は、佐吉や喜一郎の墓に、会社の発展を祈ったという。

豊田家と姻戚《いんせき》関係にあるＩＮＡＸ名誉会長の伊奈《いな》輝三《てるぞう》は、長年、豊田家と付き合った印象を端的に語っていた。

「豊田の本家は冠婚葬祭、特に葬をちゃんとやっています。家内の妹がなくなった時、章一郎さんと、英二さんから花が届き、葬式には章一郎さんが参列しました。私の親の葬式には英二さんが来てくれました。章一郎さんが出席できない時は、奥さんの博子さんが必ず出席しています。うちも伊奈家の本家だけど、これだけの心配りはまねできません。とにかく大変な本家です。豊田家もトヨタ自動車も、人を非常に大切にしているという印象を受けますね」

その義理堅さは、トヨタ自動車幹部の秘書たちにとって、悩みの種でもあった。

「トップがどんな小さな葬儀にも行くから、しょっちゅう大切な会議が流れて、スケジュール作りが大変でした」と元秘書が振り返る。

グループ会社の一つ、トヨタ車体社長の久保地理介《くぼちりすけ》（現・会長）は、トヨタは、豊田家が見せるこまやかな心遣いを組織として受け継いでいる、と言う。

「うちの会長の葬儀でもそうだが、必ずトヨタ自動車のトップクラスが全員で来てくれる。そりゃ悪い気はしないよね。それに、グループの役員の両親が亡くなると、必ずトヨタ自動車から花が届く。うちのお袋の時にも届きました」

トヨタ自動車は、豊田自動織機、愛知製鋼、豊田工機（現・ジェイテクト）、トヨタ車体、豊田通商、アイシン精機、デンソー、豊田紡織（現・トヨタ紡織）、東和不動産、豊田中央研究所、関東自動車工業、豊田合成、日野自動車、ダイハツ工業のトヨタグループ十四社を抱えている。二〇〇二年三月現在、グループの社員総数は二十四万六千七百人、営業利益は一兆千二百三十五億円にのぼる。

久保地は、「葬」と「祭礼」を何より重んじる豊田家の伝統が、これらのグループ会社を一点に向かわせる求心力になっている、とも言った。

久保地もまたトヨタ自動車出身だ。外に出て初めて、トヨタの強さの秘密を知った。

持ち株二%のカリスマ

静岡県湖西《こさい》市の山里に、豊田佐吉記念館はある。かつての遠江《とおとうみ》国山口村である。

佐吉は、明治維新の前年の一八六七（慶応三）年に、鷲津《わしづ》連峰の麓《ふもと》にある、この地の貧しい農家兼大工の家に生まれた。綿織物の盛んな村だったが、佐吉の時代からの織機メーカーも下火になって、いまは市全体で人口約四万五千人。自動車の部品メーカーと農家が目立っている。

記念館は、佐吉生誕百二十周年の一九八七年に、孫にあたる豊田章一郎が設立を決めた。トヨタ自動車や豊田自動織機、愛知製鋼などグループの十三社と地元の関連会社「アスモ」「浜名湖電装」の二社が出資して運営している。

水田とミカン畑に囲まれた敷地は、一万八千平方メートルもある。佐吉が四十歳のころに建てた母屋《おもや》を中心に、藁葺《わらぶ》きの生家や、佐吉が父の伊吉に隠れて機織機《はたおりき》の研究をしていた納屋《なや》も復元された。喜一郎もここで生まれている。伊吉が植えたという檜《ひのき》の林を抜けると、裏山の頂きに出る。幼い頃、喜一郎はここで遠くに富士山を仰ぎながら遊んだ。

この記念館を二〇〇〇年度には約二万四千五百人が訪れた。うち約五千人がトヨタグループの社員だった。

グループ各社別の来場者数は、事務局が毎月チェックし、記念館の月報で各社に連絡される。

「少なければ暗にもっと来て欲しいと要望します。ここは、グループの精神的ルーツですから」

事務局の近藤貴俊が言う。来場者と毎日接している管理人の三浦仁は、率直な感想を語る。

「グループにとってここは、総本山みたいなものかな。皆さんここにお参りしにくるという感じですね。来たら『なんだかほっとした』と皆さんおっしゃってますよ」

佐吉は小学校を卒業した後、父のあとを継いで大工の修業を始めたが、十八歳のころ、「教育も金もない自分は、発明で社会に役立とう」と決心し、手近な機織機の改良を始めた。

記念館から南に約二百メートル行ったところには、そのころ佐吉が友達と夜学会を開いていた観音堂がある。お堂の前には、「佐吉翁夜学記念碑」があって、

〈翁は明治十八年、社会奉仕を発願され、村の青年とこの堂内にて夜学会を開き、勉

強し後に世界的発明家となる。昭和四十四年二月十四日〉

と刻み込まれている。ちなみに二月十四日は、佐吉が生まれた日だ。

自分の創意工夫だけで、佐吉が改良バッタン機——豊田式木製人力織機を完成させ、特許を取得したのは、機織機の改良を始めてから六年後の一八九一（明治二十四）年のことである。

それ以降、九四年に、それまでの手回し式を足踏み式に改良して能率を二、三倍も向上させた「糸繰返機《かせくり》」、九七年に日本初の動力織機「豊田式木製動力織機」、一九〇六年に「三九式木鉄混製動力織機」と、シャトルを円運動させる「環状織機」、〇九年に織布業の大規模工業化を実現する「L式鉄製動力織機」、一四（大正三）年に、縦糸切断停止装置など多くの改良を加えた「N式広幅動力織機」、二四年に、世界で初めて機械を止めずに横糸を自動的に補給する「G型自動織機」——と、発明一筋に生きた。生涯を通じて取得した特許は、八十四件。さらに三十五件の実用新案と十三件の外国特許を得ている。

佐吉は研究開発の一方、個人事業を改組して、一八年一月に「豊田紡織株式会社」を興している。現在のトヨタのグループ各社は、そこから枝分かれした。

トヨタで人材育成担当を長く担当したＯＢは、その強さの秘密を「豊田家のトップを教祖に置いた宗教国家だったからだ」と分析する。一つの方針を打ち出せば、全員が一丸となる結束力を見せてきたというのだ。

教祖の資格は、「創祖・佐吉」との血縁関係ではないか、とも言う。

「カリスマ性を引き継ぐのは、血のつながりだとの意識が、日本人の精神の奥深くに潜んでいる。天皇制や家元制度に通じる自然な感情ではないかと思います」

「宗教国家」とは言わないまでも、創業者や創業家に敬意を表す企業はトヨタばかりではない。

歴史がある旧財閥系の三井グループでは、年に数回、各社の総務部長が、三井家と縁の深い東京・向島の三囲《みめぐり》神社に参拝する。境内には三井家十一家の当主らを祀《まつ》る顕《あき》名《な》霊社がある。トップ就任時も、三井家の菩《ぼ》提寺《だいじ》に墓参りに行く習慣がある。やはり旧財閥系の住友グループも、住友家と社員を祀る場所に、歴代の社長経験者が年に一度お参りする。

ソニーの創業者の一人である盛田昭夫《あきお》は、愛知県常滑《とこなめ》市の名門・盛田家の十五代目だった。その盛田家も、毎年四月四日に常滑市小《こ》鈴谷《すがや》にある菩提寺の宝珠院で、感謝法要を営んでいる。

盛田家の当主は、昭夫の長男である英夫が継ぎ、今は十六代目。日本酒やしょうゆを醸造販売する「盛田株式会社」を営んでいるが、法要となると、当主を先頭に各工場の役員や各部署の代表者ら約五十人が、宝珠院の南側の、他の墓より一段高いところにある盛田家の墓地にお参りする。その後、墓の下にある「従業員物故者供養《くよう》塔」で、物故従業員の供養もする。

盛田家では、代々の当主が、「久左衛門」を襲名するしきたりがある。感謝法要はもともと、初代・久左衛門の命日の五月十七日に行われていたが、昭夫が「盛田家中興の祖」とされる十一代の命祺《めいき》の命日に変えた。命祺は鈴渓《れいけい》義塾（現・小鈴谷小学校）を設立し、教育の振興にも努めた。

昭夫はどんなに忙しくても感謝法要は欠かさなかった。戻ってくる時は、近くのヘリポートに専用ヘリを乗り付け、駆けつけていたという。

「宝珠院は九八年に建て替えました。昭夫さんはその際、数億円を寄付しています。でも、盛田家だけのお寺ではないので、少し他の檀家《だんか》さんのために控えたのだそうです。先祖があって、今日がある。昭夫さんはとても先祖を大事にしていたということでしょう」

「盛田」の元社員で、盛田家が建てた「鈴渓資料館」館長だった飯田隆一は、ゆったりとした口調で言った。

正反対の企業もある。世襲を嫌ったホンダの創業者・本田宗一郎は、子供を自分の会社に決して入れなかった。社員には「おやじ」と慕われたが、自分が死んだ時の社葬を許さなかった。社員は、代わりに宗一郎が生前愛したレーシングマシンを飾り、故人をしのぶ「お礼の会」を催した。その後の節目の法要にも会社は関与していない。

井深大《まさる》と盛田昭夫という二人の創業者が興したソニーもまた、世襲を断とうとしているように見える。井深家からソニーに入社していたのは、大の長男・亮《まこと》、そして盛田家からは、昭夫の二男・昌夫《まさお》だけだ。亮はソニーPCL専務を務め、一方の昌夫はソニー・ミュージックエンタテインメント取締役である。

「独創力が命であるソニーが、トヨタをまねたらだめになってしまうでしょう。井深家、盛田家とソニーは違うのです。二人の地位は実力どおり。豊田一族ほどの優遇はされていません。それでいいのではないですか」

幹部の言葉はあくまで淡々としている。

トヨタにも変化は生じている。九九年六月のトップ人事で、章一郎が会長から名誉会長に退き、豊田家出身者で代表権を持つ者がいなくなった。三七年の創業以来、初めての事態だった。

会長の奥田は、トヨタグループに対する豊田家の影響力について、「インパール作戦時の軍旗」になぞらえる。太平洋戦争末期、日本軍は苦しい戦局を一気に打開しようと、補給にも構わず、ビルマ(現・ミャンマー)でインパール作戦を敢行する。食料の枯渇《こかつ》などで苦悶《くもん》し、参加者九万人のうち三万人が戦死した。

「兵士は疲れてぼろぼろになっても、先頭に掲げられた軍旗を見て心を一つにして歩き続けた。人間の集団にはどうしても精神的な支えとなる旗が必要なんです。うちにとって今、旗となっているのは確かに豊田家でしょうね」

しかし一方で、奥田は機会あるごとに、「章一郎さんはもう年だし、次世代はまだ若い。いつまでも創業家に求心力を求めてばかりもいられない」と危機感を漏らす。

奥田がそういう背景には、一つの数字がある。

「豊田家の持ち株比率は、二%ほどしかないんですよ」

トヨタの有価証券報告書によると、トヨタの全発行株式約三十六億株のうち、豊田一族の持ち株は次のようになっている。

豊田章一郎　千五百十三万六千株　(〇・四二%)
豊田英二　五百五十二万株　(〇・一五%)

豊田達郎　百八十三万五千株　（〇・〇五％）
豊田芳年　百五十一万二千株　（〇・〇四二％）
豊田章男　二十二万九千株　（〇・〇〇六三％）
豊田周平　十二万二千株　（〇・〇〇三四％）
（英二は九三年六月末、達郎は九七年三月末、その他は二〇〇二年六月末時点）

この他にも、豊田一族や豊田家の個人会社が保有するトヨタ株などがあるが、それらを合わせても全体の二％程度にしかならない、というのである。ちなみに、奥田は五万四千株、社長の張は二万二千株に過ぎず、役員の中では豊田一族の持ち株はずば抜けてはいる。

やはり創業家の影響力が強いとされる米国の自動車メーカー・フォードの場合、フォード家の持ち株比率は四〇％前後である。

「トヨタ自動車の自社株保有率は十数％どまり。豊田家と合わせて四、五〇％ぐらい持っていればいいけど、これだけ国際間の競争が激しくなっている時代に、海外の企業に取られないためにはどうしたらいいかも考えなければいけない。そんな客観的な事情もある」

奥田が選択した新しい結束力の源は、資本の論理だ。九九年、トヨタ自動車は一挙に五人の副社長を、デンソー、アイシン精機などの主要グループ会社に送り込んだ。将来の持ち株会社設立の布石ともされた。

喜一郎と利三郎の五十回忌の昼食会が終了した後のことだった。章一郎夫妻と長男の章男夫妻は、入り口で列席者を見送っていたが、章男夫妻だけは途中でその場を離れ、昼食会会場に飾られていた二人の遺影に向かって深々とおじぎをした。章男はその時の心情をこう語っている。

「私はまだ、グループのために何もできていない。頭を下げるぐらいしかできないじゃないですか」

章男は慶応大学法学部を卒業し、八四年にトヨタに入った。生産、国内営業部、米ゼネラルモーターズとの合弁生産会社「ＮＵＭＭＩ」副社長などを経て、入社十六年で取締役に、その二年後の二〇〇二年六月にはトヨタで過去最年少の常務取締役になった。〇五年からは副社長である。

奥田、張そして〇五年就任の渡辺捷昭《かつあき》と、トヨタでは三代続けて豊田家以外の者が社長の座に就いている。しかし、章男が常務、そして四十八歳の若さで副社長になったことをとらえて、マスコミに「豊田家への大政奉還は間近」と書かれた。章男の昇格で、十一代社長候補の最右翼という位置付けが明確になったからだ。

トヨタの総務部長・中村貞次（現・トヨタ関連部品健保組合常務理事）は、「豊田家だから社長になれる時代ではないが、同じ能力があるなら豊田家の人の方が気持ちの収まりがいい」と話している。

変化の兆《きざ》しはあるが、創業家の存在感はいまだに大きい。

家系図

創業家の重圧

「創業家に生まれてしまいましたとしか言えません」

二〇〇〇年六月、トヨタ自動車の株主総会。最年少の新任取締役に就任した豊田章男は、記者会見で社内での豊田家の役割について尋ねられ、慎重な口調で答えた。にじみ出た言葉の重みの背景には、財界、政界、官界につながる「豊田家」の広がりがあった。

一枚の家系図が物語る。

トヨタ自動車や豊田自動織機など、トヨタグループ企業のルーツ・佐吉は、明治維新の前年に豊田伊吉と妻・えいの間に生まれた。後に、数多くの織機の発明を手がけ、織機王と呼ばれるようになる。

十八世紀、イギリスから始まった産業革命は、まず繊維工業が中核を担《にな》い、そこで集積された富が新たな技術革新を産み出した。

同様に、佐吉は織機の発明で、日本の技術革新をリードし、資本を蓄えた。その資本が、やがて国内のトップ企業へと成長することになる自動車部門への準備となった。織機から自動車へと転身したのは、佐吉の長男・喜一郎である。喜一郎は佐吉と最初の妻・たみとの間に生まれた。東京帝国大学工学部を卒業し、大学出の技術者として、自動織機の開発で父を助け、その後にトヨタ自動車工業を創業した。

喜一郎の妹・愛子の夫として一九一五（大正四）年十月に豊田家に入った利三郎は、三井物産名古屋支店長だった児玉一造の弟である。養子入婿《いりむこ》として入った時は三十一歳、伊藤忠合名会社のマニラ支店支配人を務めていた。利三郎は二一年に伊藤忠商事青島《チンタオ》支店次長の越後正一の協力を得て、中国に「豊田紡織廠《しょう》青島工場」を建設し、海外での事業をさらに発展させるなど、経営手腕を発揮して、喜一郎を支えた。

佐吉から喜一郎、章一郎、章男と続くのが、いわゆる「本家」だ。章一郎が現在の当主であり、冠婚葬祭では一族を代表する。

織機や自動車の製造販売だけでなく、部品メーカーや商社、金融、住宅と次々に事業の幅を広げると、豊田家の人々は、その多くがグループ企業の要職につき、結束を

豊田家と豊田家に連なる人々

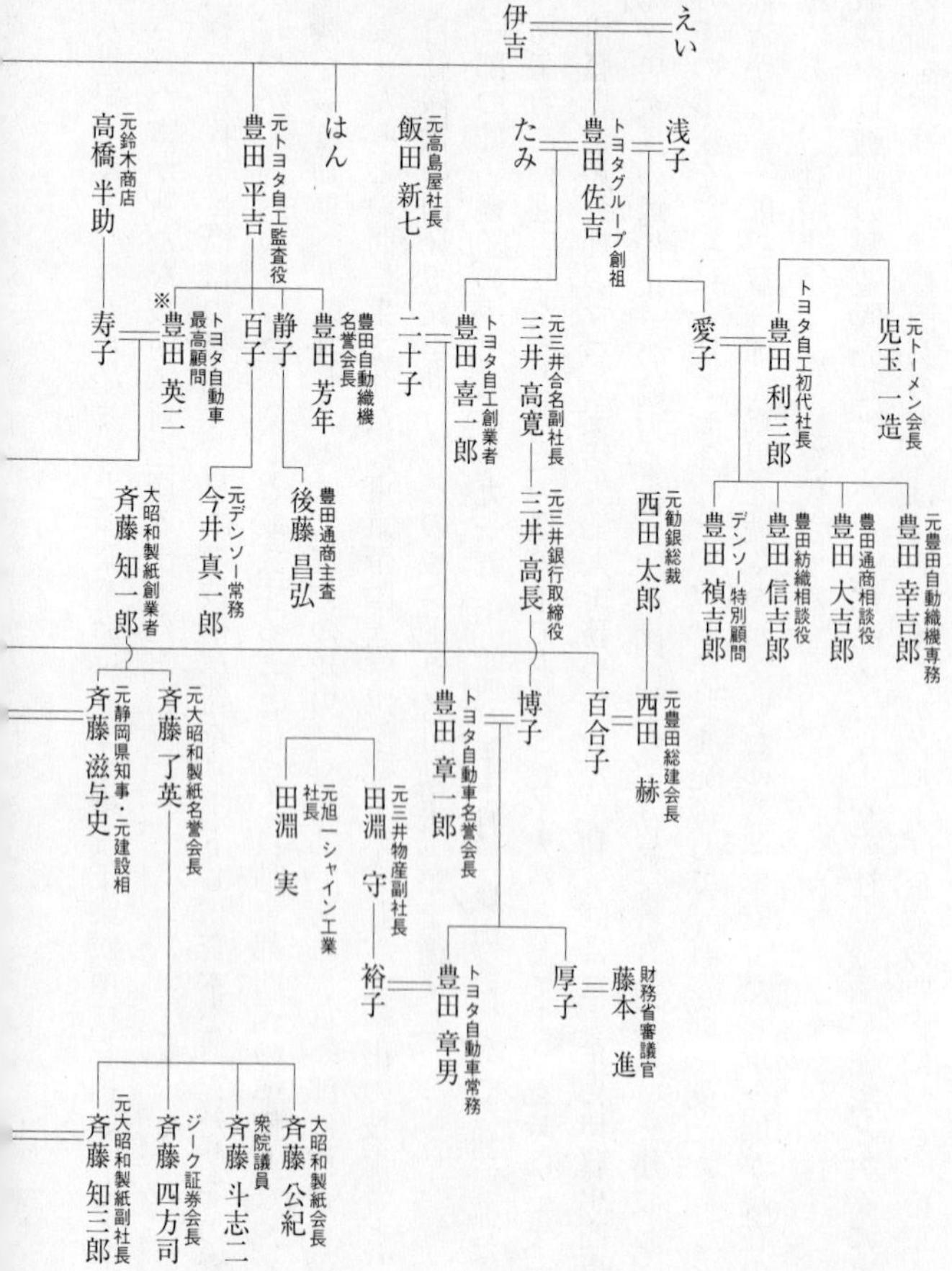

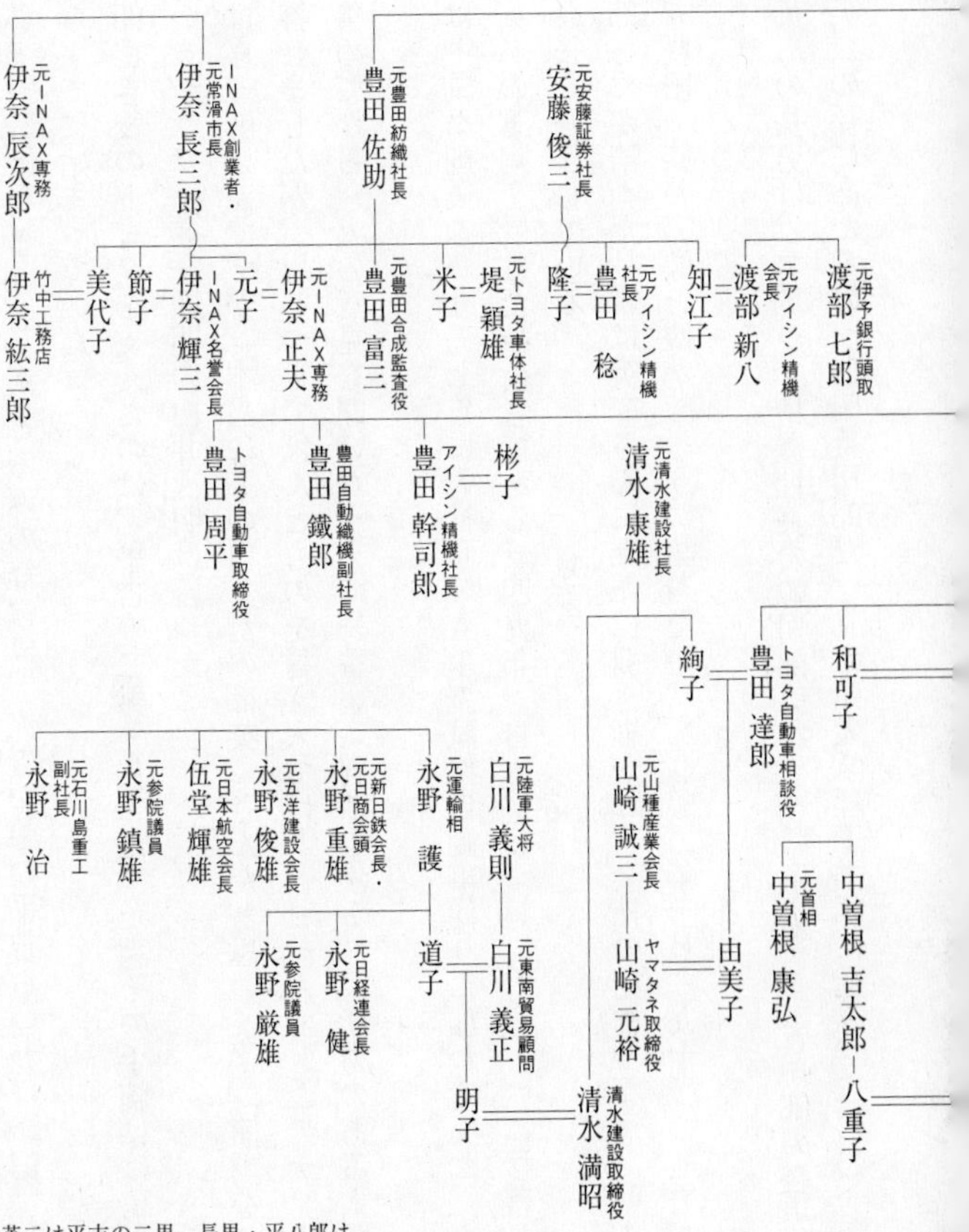

※英二は平吉の二男。長男・平八郎は夭逝、三男・俊彦はグアムで戦死

強めていった。このような一族ぐるみの経営は、佐吉や弟の平吉らいわば「第一世代」からすでに始まっていた。

喜一郎亡《な》き後のトヨタを支えたのは、平吉の二男・英二だった。その手腕には信奉者も多い。デンソー名誉顧問の白井武明《たけあき》は言った。

「創立は喜一郎さんですが、本当にものにしたのは英二さんだと思います。簡単なことは即答しましたが、思いつきでぽんとものを言う人ではありませんでした。データを十分集めてから、人の意見も聞いたうえで一番いい判断をする。決断力のある人です」

白井はトヨタ創業の一九三七年に入社し、A1型試作自動車作りに加わるなど、喜一郎や英二の薫陶《くんとう》を受けた技術者である。四九年、日本電装（現・デンソー）に移籍し、社長、会長を歴任している。

「喜一郎さんが培《つちか》った精神は英二さんに立派に引き継がれ、会社の精神となっています」と、豊田一族の実像を懐《なつ》かしそうに語ったが、二〇〇二年十月、九十歳で逝去した。

その英二の長男は、アイシン精機社長の幹司郎《かんしろう》（現・会長）である。幹司郎の長男、つまり英二の孫にあたるのが豊田英司郎《えいしろう》だ。立命館大学理工学部に進み、二〇〇一年四月に豊田中央研究所に入社している。一族と言っても、これほど若くなると、社員にも身近な存在となる。

九四年にトヨタに入社したエンジン設計のトレーサー・大木佳恵《かえ》は、愛知県立豊田南高校で、英司郎と同じクラスだった。

「英司郎君は『社長』って呼ばれてました。高校生なのに、髪の毛七・三分けで、それ以外は普通でしたよ。自転車通学だったたし。普段は豊田家を意識することなんて全くなかったですね。ただ、音楽の時間に演奏会のようなことをしたんですが、チェロを弾いた時はびっくりしましたけど。しかもチェロをお手伝いさんに持ってきてもらってたもんで、やっぱり違うな、って思ったりしました」

飲み会になると最初に歌を歌ったという章男も含めて、一族に親近感を感じるという社員が意外に多い。

一方で、豊田家は婚姻を通じて政財界に人脈を広げている。

章一郎は、元建設相の斉藤滋与史とは義理の兄弟だし、斉藤の親戚《しんせき》をたどれば、元首相の中曽根《なかそね》康弘《やすひろ》に至る。

遠縁では旧三井銀行、三井物産、清水建設、新日鉄、旧大昭和製紙、ＩＮＡＸ、トーメンなどの役員の名が上がる。喜一郎が高島屋創業家の娘と、章一郎が三井家の娘と結婚するなど、日本を代表する企業の創業家と縁が多いのも特色だ。

さらに、章一郎の娘・厚子は大蔵省官僚の藤本進（元財務省審議官）と結婚して一族は官界ともつながった。

ただ、直接、政界に打って出たり、実業界で名を馳《は》せるような女性の名はまだ聞こえてきていない。

グループ中核のトヨタ自動車社長の椅子には、三七年に創立以来、計四十年間は豊田家出身者が座った。利三郎、喜一郎、英二、章一郎、そして章一郎の弟の達郎の五人である。

二代目社長の喜一郎が業績悪化と労働争議を受けて、五〇年に辞任した後、豊田家以外から「大番頭」の石田退三、中川不器男が十七年間、社長を務めたが、六七年には再び喜一郎のいとこの英二が社長に就任し、八二年喜一郎の長男の章一郎、九二年に二男の達郎へとつなぎ、二十八年間、「豊田家の社長」が続いた。しかし、九五年、達郎が病気のために就任わずか三年で社長の座を退いてからは、奥田碩、張富士夫と、豊田家以外の社長の時代が続いている。

二〇〇〇年代に豊田家からトヨタの取締役陣に入っていたのは、章男と、英二の三男で章男より九つ年長の周平の二人。それぞれ、アジア本部長、欧州総括会社社長の重責をこなしてきた。

章男を、史上最年少の取締役に抜擢《ばってき》した時、社長の張はこう語っている。

「豊田家の求心力は大きい。素晴らしい経営者を輩出してきた歴史もある」

一方で、会長の奥田は、すでに世界でも有数の巨大企業となったトヨタの、新しい帝王学を披瀝《ひれき》している。

「豊田家だから、チャンスはあげますよ。取締役までは引き上げる。あとは実力次第だ」

創業家三代目は、重圧の中でトップを狙《ねら》う時代となった。

同じ釜《かま》の飯

豊田一族は、屋号でお互いを呼び合っていた。「本家」「新家」、さらに屋敷の地名からつけられた「押切」「主税町《ちから》」である。

名古屋市内の料亭に、豊田家の人々二十数人が顔をそろえ、宴《うたげ》が始まると、この四つの屋号が飛び交い始める。「本家の章一郎さん」と言えば、豊田家当主の豊田章一郎のことである。

「ちょっとした宴会というか、年に一、二回集まり、食事をしながら酒を飲んでいました。どんなことを話していたのか、よく覚えていないが、みんな酒が強かった。本家は静かに飲んでいました」

佐吉の末弟・佐助の六女・節子と見合い結婚し、豊田家の一員となったINAX名誉会長・伊奈輝三が「いとこ会」を振り返った。

この会は、佐吉、平吉、佐助三兄弟の子供たちでつくった。「本家」は、佐吉の長男で、トヨタを創業した喜一郎と、その子供たちのことを言った。

佐吉の娘婿となり、養子に入った初代社長の利三郎家は「新家」。新家当主だった元豊田自動織機専務の幸吉郎は二〇〇一年六月、八十二歳で亡くなった。

佐吉の次弟・平吉は、名古屋市西区押切に住んでいた。このため、二男の英二たちは「押切」と呼ばれた。

伊奈は一九六三年暮れの結婚後、やはり名古屋市東区主税町にあった佐助の屋敷に由来する「主税町」の一人として会に参加した。酒が好きだった佐吉の一族に交じって酒を酌《く》み交わし、親睦《しんぼく》を深めていった。

英二は、佐吉たち三兄弟について、〈毛利三兄弟のごとく三本の矢となって今日のトヨタグループ創業期の基盤を築いた〉と、自著『決断』（日本経済新聞社刊）に記している。その子、孫の世代も、いとこ会を通じて結束力は強かった。

伊奈が加わるようになった当時は、章一郎の弟・達郎が幹事役で、伊奈は会場押さえなどの手伝いをした。しかし、十年ほどして、いとこ会は自然消滅した。メンバーが要職に就いて忙しくなったり、世代が代わったりしたためだった。

今では、一族が集まるのは法事の時ぐらいで、なかなか一堂に会する機会はない。英二の長男の幹司郎は「会に引っぱり出されたことは覚えています。今はもう、押切とか、主税町と呼び合うこともないですね」と言う。

宴は終わった。しかし、一族の結束は残っている。

INAXはトヨタ車しか購入しない。トヨタの工場や本社ビルのトイレには、INAXのロゴが光る。トヨタグループのデンソーやアイシン精機、トヨタホームと、INAXの取引が始まったのも、伊奈が「主税町」の一員となってからである。

「本家」を核に一族意識の強い豊田家。それに倣《なら》うように、トヨタでも幹部が毎日、気軽に集まることができ、仲間意識を確かめることのできる場所がある。豊田市のトヨタ本社二階にある役員食堂である。

昼ともなると、本社内はもちろん、元町、高岡など各工場からも役員がやって来る。忙しく各地を飛び回っている章一郎や、東京が多い奥田や張らも、本社に来ていれば姿を見せる。

四人掛けのテーブルが並び、それぞれの上には、木製のおひつが置かれている。ご飯だけは各自でよそうことになっている。そうすることで「同じ釜の飯」意識が培われる。

章一郎とよく同じおひつを囲む常務の木下光男（現・副社長）は「一緒に昼ご飯を食べながら、雑談をしているという感じだ」と、この部屋の雰囲気を語る。元トヨタ自販常務の川原晃《あきら》によると、寡黙《かもく》な英二も、この時だけは口が滑らかだった。しかし、雑談だけでは終わらない。社長や会長の隣の席を狙《ねら》って、わざわざ食堂まで足を運んだ役員もいた。

「フランクに話せるいい機会でした。懸案事項について、トップの意向をうかがうには都合がよかった」。川原の述懐である。

創業のころ、トヨタの工場では、食堂に山盛りのダイコンおろしが置かれ、喜一郎は、社員とともに、ご飯をかき込んだ。文字通りの「同じ釜の飯」の仲間だった。

喜一郎のもとで自動車の設計を担当した白井武明も、その一人だった。

「戦争中、自動車関係企業の会議があり、他社の社風にも接しました。日産は、そんな場所でも個人プレーが目立ちましたね。社員は日産の方が断然、優秀だが、トヨタが強いのはグループの和、まとまりがあることではないでしょうか」

自動車屋の女房

一九六七年十二月、トヨタのおひざ元、愛知県豊田市の「豊田家庭婦人ボランティア」に、バザーの売上金で買ったマイクロバスが届いた。福祉施設に贈るためだったが、そこまで運転していく人間がいない。

「私が運転するわよ。自動車屋の女房なんだから、車の免許は全部持ってるの」

当時、四十七歳の寿子《かずこ》が言った。「自動車屋」とは、トヨタ自工社長に就任したばかりの豊田英二のことである。

会長の寿子自らがマイクロバスのハンドルを握り、田んぼの中のでこぼこ道を走った。以後、遠方に出掛ける時は、寿子が運転する車に会員の主婦たちが乗り込むことが多くなった。

ボランティア活動を終え、会員を家まで送り届けることもあった。土地柄、夫はトヨタの社員というケースも多い。副会長だった木場幸代は、「木場さんも偉くなったもんだ。社長夫人に運転させて」とよく周囲に冷やかされた。彼女の夫もまたトヨタの社員だった。

「夫の役職で、回覧板を届ける順番も決まったような時代ですよ。すごい方だと思いました」

寿子より一歳年下の木場は、そう振り返る。このころ、豊田市は集団就職してきた中卒の工員たちで、人口が急増していた。残業に疲れ、孤独な若者たちの離職に加え、暴行や恐喝事件も相次ぎ、県警が、「勤労青少年の転落防止重点地区」に指定したほどだった。豊田家庭婦人ボランティアは、彼らの母親代わりになろうと設立された。

「主人も心を痛めているが、主人には主人の仕事があって、そこまで関われない。私でできることがあれば、代わりにやりたいので、仲間に入れて下さい」

入会の時、寿子はそう言って頭を下げた。間もなく会長となって、リーダーシップを発揮する。会はその後、豊田ボランティア協会となった。寿子は協会以外にも、数々のボランティア団体のトップを務めるようになった。ボランティア活動推進国際協議会日本支部の初代理事長にも就いたが、高齢のため豊田ボランティア協会会長の職も辞し、二〇〇二年九月二十八日に亡くなった。

その後を、嫁の彬子《あきこ》が継いだ。寿子の長男でアイシン精機社長・幹司郎（現・会長）の妻である。ふだんの活動拠点「勤労センター憩《いこい》の家・アステ」では、かっぽう着姿で、トイレ掃除や昼食の準備に駆け回る。豊田市国際交流協会など、トップを務める各団体のイベントを自ら企画し、会報や資料づくりも得意のパソコンでこなす。

「トヨタ自動車には現地現物主義という言葉があるでしょう。それは豊田家全体のエキスにもなっていて、私も現場が好きなんです」

寿子がトップだったころから豊田市国際交流協会事務局長を務めるブイ・チ・トルン（現・愛知淑徳大教授）は語る。

「寿子さんに書類を決裁してもらう時は、障害者の施設かアステに行けば会えると言われていたほど現場に入っていました。彬子さんもその姿勢を受け継いでいる」

神戸市出身の彬子は、小学校から高校までは宝塚市の小林聖心女子学院、大学は東京の聖心女子大とカトリック系の学校に通い、ボランティア精神は幼いころから身についていた。しかし、本格的に地域活動に踏み込んだのは、二十五歳で豊田家に嫁いだことがきっかけだった。

見合いで結婚が決まり、豊田市に初めて足を踏み入れた時のことをよく覚えている。

両親と一緒に名古屋からタクシーで向かう途中、田んぼの中を走る道端にへびがいた。

（とんでもないところだなあ。ここで暮らしていけるのかしら）

親戚も友達もいない寂しい田舎町に嫁ぐ不安をうち消してくれたのが、結婚前、寿子が神戸まで書き送ってくれた手紙だった。

憩の家のことや、青少年向けのカウンセリングルームを作ったことなど、ボランティア活動の様子を生き生きと伝える手紙を通じて、彬子は少しずつ豊田市を身近に感じるようになった。寿子が贈ってくれたクリスマスプレゼントは、ボランティアのバザーで買った手編みのショールだった。

嫁いでからは、英二、寿子夫婦と同居した。自然にボランティア活動にも加わり、知り合いや友達が増えた。よそ者だった彬子は豊田市に受け容《い》れられた。

トヨタが後に豊田市となる挙母《ころも》町に工場進出したのは、一九三八年のことだった。挙母の名は『古事記』にも登場する。江戸時代には挙母藩があった。五九年、その由緒《ゆいしょ》ある地名が、外様企業の名にちなんで変更される時には、推進する市長や議会へのリコール運動など、市を二分する反対運動が起きた。

以来、トヨタは、地域に根付くことを企業としての重要な経営方針としてきた。その陰で、豊田家の女性たちも大きな役割を果たした。

「英二の家内であることは忘れて欲しい」

それが、ボランティア仲間に対する寿子の口癖だった。彬子も「私の活動は豊田家の嫁としてやっているのではない。そういうものはなるべく切りたいのです」という。

しかし、豊田市国際交流協会にしても、トヨタやそのグループ企業を目指して、外国人労働者や海外からの訪問客が増えたために生まれた団体だ。

彬子もトヨタグループの身内として、責任を感じていたことを漏らす。

「トヨタグループが海外進出すると海外の駐在員も会社自体も現地の人にお世話になる。私もできることがあるなら何かしてお返ししたいという気持ちはありました」

トヨタ自動車で地域交流を担当する総務部長の中村貞次は、豊田家の女性が、グループのイメージアップに与えた影響の大きさを認めている。

女性だけではない。豊田章一郎についてもこんな話がある。二〇〇五年日本国際博覧会（愛知万博）協会会長に就任した時、長久手《ながくて》、藤岡、小原など会場とその周辺の町村に挨拶《あいさつ》に行くと言い出した。黒塗りのセンチュリーから章一郎が降りてくるのを見て、役場の職員たちが見物に来た。

「付き添っていった僕より深々と頭を下げられて、町長さんたちの方が恐縮していました。それをパフォーマンスとしてではなく、ごく当然のようにされている。豊田家の伝統なんだと思います」

中村の証言である。彬子の夫の幹司郎はひざの抜けたズボンを気にせずはき、豆腐やめざしが好物である。彬子は、「家訓というと質実剛健という言葉が思い浮かびます」と言う。

豊田ボランティア協会が二〇〇一年に三十五周年を迎えたのを記念して、彬子は協会史誌を編纂《へんさん》した。タイトルは『肩書をはずしましょう』だった。

「トヨタがくしゃみをすれば、豊田市の経済はつぶれてしまう」

豊田市長の鈴木公平が、トヨタが地域に与える影響の大きさをこう表現する。人口の七割をトヨタグループの関係者が占め、市税全体の約三割をトヨタ自動車が納める企業城下町にしてみれば、豊田家の女性によるボランティア活動は大歓迎だ。

「関連企業の奥様たちがたくさん入り、活動が盛んになる」

それだけではない。トヨタグループからの支援も期待できるという計算がある。

実際、彼女らがかかわってきたボランティア活動の費用は、ほとんどグループや関連会社の寄付でまかなっている。そのほかにも、一九七三年から二〇〇一年まで、トヨタから市への寄付総額は約二十九億円に上る。それ以上に、地域密着を図るトヨタにとって大きな戦力になったのが、寿子や彬子の飾らぬ人柄だった。

ボランティア活動で帰宅が遅くなる時がある。そんな折り、義父の英二が彬子に掛ける言葉はいつも、「ありがとう」だった。

妻と嫁の活動が、トヨタにとってどんなに大きな意味を持っていたか、知っていたのである。

佐吉の志

二代の墓守

「夏は一週間に一回、冬は十日に一回ぐらいの割でお墓に行き、掃除をしてきます」

豊田佐吉記念館管理人の三浦仁は、二つの仕事を抱えていた。一つは、来館者を案内すること、それ以上に大事なのが、豊田家の墓を守ることである。

記念館裏山の「山の墓」と、湖西市内にある元菩提寺《ぼだいじ》「妙立寺」の墓は、一日たりとも、花が枯れる日はない。

裏山の展望台からは浜名湖が見える。晴れた日には、富士山を望むことも出来る。温暖な山里に三浦が来たのは、一九八五年十月だった。記念館がオープンする三年前に、佐吉時代からの母屋《おもや》の管理を、豊田家から頼まれたのだった。

木造二階建ての母屋は、明治の終わりごろ、佐吉が両親のために建てた。豊田家は今もここに本籍を置き、玄関口には「豊田章一郎」と墨書した表札が掲げられている。

三浦は一九三一年三月、愛知県明治村（現・安城市）に生まれた。管理人になるまで豊田家とは何の関係もなかった。大同製鋼（現・大同特殊鋼）に勤めた後、全国を転々として、作業員宿舎で生活しながら、トンネル掘りや橋梁《きようりよう》工事に携わった。帰郷すると、工務店に勤め、屋根をふいたり、壁を塗ったり、家屋の解体をしていた。

その後、トヨタグループの愛知製鋼に臨時工として雇われる。不況のため、一年で契約を解除されたが、朝鮮戦争特需で活気が戻ってきた五五年、同社に正式採用された。刈谷《かりや》工場に勤務した後、六四年に愛知県東海市にある知多工場に転勤となり、この間、労働組合の執行委員を六年間、務めたこともある。

「留守番だけでもやってくれんか。夫婦二人でのんびり暮らしたらどうか」

愛知製鋼相談役の白井富次郎から声がかかったのは、五十五歳の定年を迎える直前だった。白井とは三浦が労組の執行委員をしていた時、労使の団体交渉で、何度か顔を合わせたことがある。

その申し出に三浦は戸惑ってしまった。愛知県武豊《たけとよ》町に自宅を建てていた。ローンは定年までに終わる。ささやかでも終《つい》の住処《すみか》となるはずだった。定年後も、下請け工場への再就職とか、ゴルフ場の管理人とか、自分なりの人生設計も立てていた。

しかし、白井の好意を無にすることもできなかった。承諾すると、まず豊田市のトヨタ自動車本社に呼ばれ、当時社長だった豊田章一郎と対面させられた。

しばらくしてから、今度は名古屋市昭和区南山にある章一郎の自宅に招かれた。多くの話はしなかったが、章一郎の妻・博子から、「頼みますよ」と言われたことをよく覚えている。

「なぜ私なのかわからない。多分、うそをつかない人間ということぐらいかな」

指名を受けた理由は、最後までよくわからなかったが、武豊町の自宅は、すでに結婚が決まっていた娘夫婦を入らせることにして、妻の絹江とともに湖西市に来た。

三浦の朝は早い。午前六時半に起床すると、雨戸を開け、掃除するところから始まる。午前九時半、記念館を開ける。来館者から質問があれば答えるのが日課である。裏山の檜《ひのき》林や、ミカン畑の手入れもする。

来たばかりのころは、佐吉翁《おう》のことも、豊田家のこともよく知らず、佐吉翁に関する文献を読みあさった。そんな三浦が驚かされたのが、前任の管理人で、今は亡《な》き堀田蔵吉の豊田家に対する献身ぶりだった。

「堀田さんは毎日、佐吉翁たちのお墓に来て、供えられた水はいつでも飲めるほどでした」

妙立寺《みようりゆうじ》住職の吉塚通敬《つうけい》に聞かされた話である。一週間に一度どころではない。墓守として淡々と暮らす実直な人柄が伝わってきた。

堀田は、佐吉のもとで働いていたことがある。母屋の住み込みの管理人になったのは約四十年前だった。

デンソーの関連会社「浜名湖電装」常務だった三浦数弘《かずひろ》は、

「佐吉翁に心酔し、旦那《だんな》様と呼んで慕っていた」

と語る。当主の章一郎に対しても、「旦那様」と敬っていたという。

堀田を起用したのも白井である。堀田、三浦と二代にわたって、白井が管理人を世話してきたのには理由がある。佐吉と同じ湖西市の生まれで、愛知製鋼相談役となる前には、豊田自動織機製作所常務を務め、佐吉と深い縁があった。後に湖西市長ともなっている。

堀田が八十歳の高齢で引退するため、章一郎から後任探しを頼まれ、今度は三浦の人柄を見込んだのだった。

だが、その三浦も夫婦で住み込んですでに十七年が経《た》った。古希を過ぎた二〇〇三年十一月に退き、三代目の神先忠《かんざきただし》に譲ったが、今でも月に何度かは記念館に顔を出す。

「墓守」を抱える名家は、豊田家だけではない。盛田昭夫をソニーへと送り出した盛田家にも、三浦のような人物がいた。盛田家の「鈴渓資料館」館長だった飯田隆一である。

株式会社となる前の一九五一年に「盛田合資会社」に入社し、総務にいた六五年ごろから墓の管理を任されていた。八五年に定年になり、盛田家の古文書などを展示した鈴渓資料館の名物館長となった。実際の墓地の世話は、シルバー人材センターに依頼しているが、派遣されているのも、以前、盛田に勤めていた人だという。飯田は二〇〇二年秋に引退し、後任に一切を委《ゆだ》ねてようやく肩の荷を下ろした。

豊田家は三代目の墓守をどうするか。この時代、住み込みの管理人を探すのはむずかしく、警備会社に委託する方法もある。しかし、章一郎はそれには納得できないらしい。

「家というのは、毎日、戸の開けたてをやって空気を入れないと、かびがはえるんじゃないですか。宝物はしまいっ放しじゃだめですよ」

章一郎は年に五、六回、記念館を訪れる。裏山や庭を散歩しては、植わっていた木が見当たらないと、「あの木はどうした」と尋ねる。

「枯れるまで抜いてはいけない。生きているものはそのままにしておくように」

というのが口癖である。だから母屋の改修工事で、枝が屋根にかかってじゃまになっても、切るわけにはいかなかった。

「安全第一。けがするな、木を切るな」

工事を請け負った大林組の現場監督は毎日、必ずこう訓示した。

章一郎の秘書を務めたことがあり、記念館のオープンにもかかわった東和不動産社長（現・相談役）の加藤武彦《たけひこ》は、住み込みの管理人にこだわる気持ちを、こう推察する。

「親身になって世話をしてくれる人が二十四時間住んでくれて、佐吉の精神を受け継ぎ、伝えてもらいたい、と考えておられるのではないでしょうか」

「トヨタの原点」に対する章一郎の思い入れである。

二〇〇二年四月、豊田市内の体育館で開催されたトヨタの入社式。約千六百人の新入社員を前に、社長の張は、これまでトヨタが脈々と受け継ぎ、発展させてきた「トヨタウェイ」への理解を訴え、「絶え間なく改善を進め、チャレンジ精神を身につけてもらいたい」と挨拶《あいさつ》した。

「モノづくりの大切さ」とともに、入社式の挨拶には必ず盛り込まれるフレーズだ。

その挨拶のベースは、同社の経営理念「豊田綱領」にある。

一、上下一致、至誠業務に服し産業報国の実を挙ぐべし
一、研究と創造に心を致し常に時流に先んずべし
一、華美を戒め質実剛健たるべし
一、温情友愛の精神を発揮し家庭的美風を作興すべし
一、神仏を尊崇し報恩感謝の生活を為《な》すべし

佐吉の生き方を基に、一九三五年、喜一郎と義兄の利三郎が五ヶ条にまとめた。二十一世紀に入った今もなおトヨタグループ各社に受け継がれ、全従業員の会社生活の指針とされている。

新入社員に対する挨拶の最後に、張は「障子を開けてみよ。外は広いぞ」という佐吉の言葉を引き、「視野を大きく持て」と語った。トヨタの社員としての最初の一歩から、「トヨタDNA」の刷り込みは始まっている。その遺伝子の元をたどると、いつも佐吉にたどり着く。

トヨタは一九九〇年代終わりからの時期を「第二の創業期」と位置づけ、奥田や張

はことあるごとに、「徳のある会社」「社徳」を目指すと語ってきた。

「私はトヨタを単に強いだけでなく、世界から信頼され、尊敬される会社、すなわち『徳のある会社』にしたいと考えております」

創業者や社長らの言葉をまとめたトヨタの小冊子『The Toyota Way』に残る奥田の発言だ。元総務部でイメージアップ戦略作りなどに携わり、産業技術記念館長に転出した間瀬裕士は「もとはといえば、佐吉の時代から続く産業報国という考えが息づいている」と解説する。

トップエンジニアとして新車開発を担当したことのあるトヨタ車体社長の久保地理介（現・会長）は、生産現場への創業精神の影響を語る。「日本人の頭と腕で」独自の技術開発を目指した佐吉や喜一郎の思いが引き継がれ、トヨタグループの強さにつながっていると言うのだ。

「研究と創造に心を致し常に時流に先んずべし」

「豊田綱領」の一節を暗唱してみせる渉外・広報担当専務の神尾隆（現・東和不動産社長）も「トヨタを語ろうとすると佐吉を語らざるを得ない」と話している。

やはり、佐吉なのである。

佐吉の街

「障子を開けてみよ。外は広いぞ」という言葉は中国・上海《シャンハイ》に進出して「豊田紡織廠《しょう》」を設立したときの言葉である。豊田紡織を興《おこ》してから三年後のことだった。

湖西市では、多くの人がその言葉を知っている。湖西市が製作した『湖西風土記――湖西の生んだ偉人　豊田佐吉』にもあった。

佐吉の母校である鷲津《わしづ》小学校では、「報恩・創造」という佐吉の言葉が入った時計台が時を告げている。子供たちは、四年生になると佐吉の生涯が書かれた湖西市発行の副読本で学び、エピソードを劇にして上演するのが伝統となっていた。マンネリ化したため、ここ二、三年は中断しているが、先生たちはよく「障子を……」を引用して、佐吉の話をして聞かせる。校歌の二番にも佐吉が登場する。

国をおこして　進めたる
世界にほこる　織機王
ロスアンゼルスの日章旗

誓いあらたに　今はげむ
これぞわれらがわが母校
栄《はえ》ある鷲津　鷲津小学校

「校歌だけでなく、鷲小音頭《おんど》という歌にも佐吉のことが出てきて教育にすみずみまで浸透しているという感があります。鷲津は小さな田舎で、そこで育つ子供が国際化を身近に考えるきっかけになる。最近は佐吉熱も薄れてきているようですが、総合学習の時間に、また採り上げられることが増えるでしょう」

とは、鷲津小教頭・吉山学（現・静岡県教委主席管理主事）の弁である。

鷲津中学校の校庭では、佐吉の胸像が見下ろしていた。「障子を開けてみよ。外は広いぞ」の石碑もある。佐吉の命日である十月三十日には、鷲津中学校で「顕彰祭」を実施している。佐吉にちなみ、優れた発明作品を作った児童、生徒を表彰している。毎年、章一郎や章男、彼らが無理な時は、トヨタの産業技術記念館の館長たちが挨拶に来ている。

湖西市には、「豊田佐吉翁奨学金」もある。豊田家や市などが基金を出し合った。豊田家は、こうした付き合いに熱心だ。章一郎は、佐吉の命日になると、以前に菩《ぼ》提寺《だいじ》だった日蓮《にちれん》宗の妙立寺にも訪れる。夫人や孫を連れてくることもある。経団連会長になった九四年ごろからさらに忙しくなって、来られなくなると、代わりに章男や秘書がやって来た。

明治大学の倉庫からトヨタ初の乗用車であるトヨダAA型が出てきた、といって、修理して東海道を走ってきたことがあった。最後に着いたのが妙立寺で、章一郎は「ご先祖さまに報告しなくてはいけない」と真面目《まじめ》な顔で言った。

住職の長男の吉塚敬一は「ここの人にとって、豊田家は大きな存在です。僕が中学校の時は、正門前にある佐吉の胸像にみな、帽子をとって一礼していました」と語る。「十二月も終わりごろに、章一郎さんが、突然生家のお守りをしている人に電話をかけてきて『もちつきをしたい、今から帰る』と言ってあわてさせたこともありました。お孫さんも連れてきて楽しんだようで、お守りの人は『もうちょっと早く言ってくれないと』と文句を言いながらも嬉《うれ》しそうにしていたのが印象的でしたね」

住職の通敬によると、一九四一年ごろに、当時の住職が「仕事も忙しくなっただろうからこちらにお参りに来るのも大変だろう」と言って、名古屋の常楽寺に菩提寺を移すよう紹介したという。妙立寺には、伊吉が大正時代に寄せた永代供養《くようりよう》料の五千円(現在のお金で約三千七百万円)の目録が残っている。それを見せながら、住職らは「先見の明がなかったですね。世界のトヨタを逃して大変な損失だ」と、笑いながら、参拝を欠かさない豊田家の信心を褒めちぎった。

街にはたくさんの逸話が残っている。

通敬は、佐吉の周りの人から聞いた。

佐吉の凧《たこ》揚げ好きは有名だった。成功して住居を移したあとも、帰省しては、村の若い衆に「凧を揚げてくれんか」と頼んでは揚げさせ、酒を振る舞ったり饅頭《まんじゆう》を配ったりしていた。若者達もそれを楽しみにしていた。ある秋、珍しく風がない日があって、凧揚げをしていた若者が「旦那さん、風がないから揚がりません」と言ってやめようとした。ところが、佐吉は「それでも揚げろ」と譲らない。何度も、何度も試みて、ようやく揚がった時、佐吉は満面の笑みを浮かべ「物事というのはこういうものだ。風がある時に揚がるのは当たり前だが、苦しい時に揚げてこそが勝負だ。事業も一緒なんだ」と言った。

「ある時、村の人が資金繰りに困って、上海にいる佐吉を訪ねていったんだそうですよ。佐吉は郷土の人が来たといって喜んで、上海のあちこちを案内し、旅費や小遣いまで出してやったそうです。が、目的の金は一銭も貸してくれなかった。その時、佐吉は『お金というものは、借りやすいとこから借りてはいけない。今苦しいから返すのを待ってくれと甘えが出るだろう。それでは、何も成し遂げられない』と言ったそうです。今考えてみると、これが、自己資本を蓄えるというトヨタの姿勢につながっているんでしょう」

「車返しの坂」というエピソードもある。

佐吉が成功して名古屋から帰る時、駅から人力車を使ったが、故郷に入る谷に近づくと必ず車から降りて残りの道を歩いたという。

佐吉曰《いわ》く、「家の前まで乗ることはできない。山口村は私を育ててくれたところだ。私の先輩や村の人たちが汗水流して働いているなかを、車に乗って通ったら罰が当たります」。

生家の近所の老人が、日だまりの中で織機王の言い伝えを話してくれた。会ったこともないのに、なぜか懐《なつ》かしそうだ。

「佐吉さんは有名になった後も、こちらに帰れば、田んぼに裸足で入ったり、近所で魚とりをしたりと大変気さくな人だったらしいよ。偉い人なのになあ、といい印象を持っているな」

二〇〇一年六月二十日、豊田章一郎は湖西市に招かれ、市内の商工業者らを相手に講演した。

「創業の原点に立ち返り、自分たちの遺伝子、すなわちDNAをしっかり受け継ぐ」と強調し、父の喜一郎とともに、祖父・佐吉の功績をたどってみせた。

人材育成部門での経験から、「トヨタは宗教国家だ」と分析してみせたトヨタOBは「〈モノづくり精神を忘れるな〉というのが、その教義だ」と語る。

「教義では、モノづくりにかけた創祖・佐吉をたたえる。だから、佐吉はいつまでもあがめられ、佐吉につながる豊田家が、求心力として利用されてきたんです」

喜一郎の夢

「トヨタDNA」の刷り込み

穏やかな春の日差しの中で、作業服を着た八十九人の若者たちが、鎌《かま》やほうきを手にミカン畑に散り、草むしりや草刈り作業を始めた。中学校を卒業しトヨタ自動車に入社すると同時に、愛知県豊田市にある同社の職業訓練校「トヨタ工業技術学園」（現・トヨタ工業学園）で専門技術を学び始めた新入社員たちだ。

豊田市の校舎からバスで約三時間かけて、豊田佐吉記念館にやって来た。グループ創業者の故郷で、新入社員研修を受けるのだ。

佐吉の生涯を描いたビデオ『人・豊田佐吉—情熱と創造の日々』や、復元された藁《わら》葺《ぶ》きの生家を見た後、記念館裏山のミカン畑が研修の場となった。

「これはホオズキだから抜かんようにな」

記念館管理人の三浦仁に指導されながら、慣れない手つきで雑草を刈った。遠足気分もあるのか、山盛りのごみを運ぶ顔も嬉々《きき》としている。

研修の目的は、「会社のルーツを知り、会社への帰属意識を高める」ことだ。庭の掃除まですることについて、付き添いの教諭・伊藤雄二は、自分が勤める会社の原点を見学させてもらったお礼だ、と学園生に説明している。

「あきらめることなく発明に打ち込んだ佐吉はすごい。前向きに仕事に取り組みたくなった」

学園生の一人、佐野昌志の素直な感想は、会社の期待するところだった。

春先、三浦のカレンダーは、研修予定の書き込みでいっぱいになる。トヨタ自動車三百六十人、豊田自動織機百十人……。三、四月で、グループ各社などから千人を超す新入社員が毎年、記念館に送り込まれてくる。

ほとんどはビデオ鑑賞や館内の見学のみだが、学園のほか豊田自動織機や愛知製鋼も毎年、草刈りや竹林の手入れを研修に組み込んでいる。

佐吉記念館だけではない。トヨタの創業者である豊田喜一郎の生涯を紹介した豊田市のトヨタ鞍《くら》ヶ池記念館や、織機会社時代からの技術の歩みをたどる名古屋市西区の産業技術記念館など、トヨタ関連の施設とセットで回る会社が多い。

トヨタ自動車、トヨタ車体などでは、喜一郎を若き松本幸四郎が演じた一九八〇年の松竹映画『遥《はる》かなる走路』も見せている。創業期の歴史を学ぶことは、研修の中でも重要な位置を占めている。

「そこにはモノづくりの基礎があるからだ。我々は製造業だから、そういう気持ちは引き継いでいかなければいけない」

会長の奥田碩がその意義を強調している。

研修を通じて、若い社員たちは、小さく収まることを嫌った佐吉の精神が、ともに自動織機の改良、開発に取り組んだ長男・喜一郎を欧米に負けない自動車づくりへと向かわせたことを知る。

喜一郎は、幼いころから発明家の熱と気質を知っていた。日清《につしん》戦争の始まった一八九四（明治二十七）年六月十一日に生まれたのだが、発明にのめり込んだ佐吉は、豊《とよ》橋《はし》の伯父を頼って、その年の正月から家を出ていたのだった。間もなく母のたみは実家に一人で戻ってしまい、佐吉が三年後に同郷の林浅子と再婚するまで母親の愛情というものを知らずに育った。家にいるのは、父というより、糸繰返機《かせくり》の改良から動力織機へと、一日中、発明に没頭する発明家であった。

それはやがて、喜一郎の生き方と重なっていく。長男の章一郎が喜一郎の実像を、専門雑誌「流線型」に記している。

〈私にとっては、父は働くもの、考えるもの以外には殆《ほとん》ど思いかえせない。あらゆる瞬間、ちょっとの暇にも、紙と鉛筆を出して考えている。すべてが研究と考案につながっていた〉

章一郎が小学校に入学したころ、母の二十子《はたこ》は肺炎で長期間、床についていた。喜一郎は自動織機の工夫に夢中になっている。

ある日、学校で先生から「誰とご飯を食べますか」と聞かれて、章一郎は答えた。

「女中さんと食べます」

ただし、喜一郎は、佐吉のように初めから発明家として生きたわけではない。中学卒業後、仙台第二高等学校を経て、東京帝国大学工学部機械工学科に学んでいる。卒業後、豊田紡織に入社したが、佐吉は「発明をやるよりも、紡績事業を一生懸命やれ」と言いつけ、周囲は「工場主の息子だから」と、機械にも触らせなかった。発明は苦労が多い割に儲《もう》けにならないというのである。

しかたなく、喜一郎は工場の幹部の助けを借り、佐吉に内緒で自動織機の設計、研究を始めた。佐吉が父の伊吉に隠れて機織機《はたおりき》の研究をしたように。ところが、佐吉はこれを知ると怒り出した。そんな夏のある日、喜一郎が夢中で取り組んでいた設計図を後ろから見て、「うーん」とうなった人物がいた。佐吉だった。一人の研究者として認めてくれたのだった。

そして、自動織機の研究を許し、喜一郎の胸に自動車への夢を灯した。佐吉は一九一〇年に欧米を視察して、自動車業界の発展に強い衝撃を受けている。特に、アメリカの街には、ヘンリー・フォードが送り出したT型フォードなど、さまざまな車があふれ、自動車メーカーは八十数社を数えていた。「これからは自動車の時代だ」と、佐吉は痛感した。

もともと、「一人一業」を説いていた佐吉は、新しい事業として自動車の製造を息子に薦めたとされている。「トヨタ自動車30年史」のほか、「50年史」にも、〈喜一郎は佐吉から、「わしは織機をつくってお国に尽した。お前は自動車をつくれ」といわれていた〉と「佐吉の遺志」を強調する記載がある。

自動車事業への挑戦が、本当に「佐吉の遺志」だったのか。東大大学院経済学研究科教授の和田一夫《かずお》のように、「(トヨタ広報らによって)非常に巧みに考え抜かれた宣伝である」(『豊田喜一郎文書集成』名古屋大学出版会刊)と指摘をする声もあるが、少なくとも自動車事業への参入を許したのが、佐吉だったことは間違いない。挑戦は、佐吉の〈遺産〉によって始まり、それを食って続けられたからである。

喜一郎は、一九二九年十二月、佐吉と開発したG型自動織機の特許を当時、世界最大の織機メーカーだったイギリスの「プラット社」に十万ポンド（当時の百万円）で売っている。佐吉の亡《な》くなる一年前のことだ。これを資金にして三三年に、豊田自動織機製作所内に設けられた「自動車部」が、トヨタ自動車のルーツとなった。

ただし、自動車は三井や三菱《みつびし》という大財閥でさえ、事業化を敬遠するほど危険な事業だった。自動車はあらゆる技術を必要とする総合工業である。当時、フォードとGMは日本進出を果たし、それぞれ組み立て工場を建設したうえ、販売網を全国に張り巡らしつつあった。一方、そのころの日本の産業界には意欲はあっても、材料や鋳物《いもの》技術もなく、工作機械を製作するところもなかった。「白楊社《はくようしゃ》」のように、国産の市販車を売り出した企業もあったが、大赤字であえなく撤退していた。

それなのに、喜一郎は、日本人の頭と腕だけで乗用車を作りあげてみせるというのである。その意気込みは、外国の技術の導入に走ることをよしとしなかった。国産にこだわった技術開発は、その後のトヨタの歩みを決めた。

三四年一月の臨時株主総会で、豊田自動織機の定款《ていかん》に自動車事業を加え、その翌年にはA1型乗用車試作第一号を作ったものの、丸三年間は、一台の自動車を発表することもできなかった。三七年八月に発行された『トヨタ自動車躍進譜』に、喜一郎自身が〈こんな事業を向う見ずにやる者は余程アホーだと私自身も思って居ます。（中略）只《ただ》余程うぬぼれの強い人間か、又は世人におだてられて向う見ずにやる人間の事業の様に思われたのは当然の事〉と書いている。

だが、喜一郎は父に似て、楽天的な心を持つ経営者だった。事業を「道楽」と記し、毎年、決算結果を問われるサラリーマン社長や単なる起業家には望めない、男の生きがいについても触れている。

〈当然儲かる事業を当然な方法でやってゆくよりも、誰れも余りやらない又やり難い事業をものにして見る所に人生の面白味があるもので、出来なくて倒れたら自分の力が足りないのだ、潔《いさ》ぎよく腹を切ったら良いではないか、出来る所までやって見よう、どうせやるなら世人の一番六《むつ》ケ敷《かし》いと云《い》う大衆乗用車を作って見ようと云う立場からやり掛ったのです。此《こ》の道楽事業が段々こじれて来て腹を切っただけでは済まない立場に置かれ、茲《ここ》に何《ど》うしても此の事業を成功させなくてはならぬ責任を負わされると同時に、必ず成功する様な（自動車工業）法案をもうけられて前途は明らかになって来ただけ、暗夜に道を探る楽しみが減ぜられました〉

自動車工業法が、喜一郎の大きな追い風になったことについては後で触れるが、国の支援があっても、まともな自動車ができなければどうにもならない。佐吉に仕えた古参社員たちの中にも「道楽事業をやめさせろ」と反対する声が強かった。のちに喜一郎に代わる三代目社長となった「大番頭」石田退三も批判派の急先鋒《きゆうせんぽう》だった。

石田は当時、豊田紡織にいたが、豊田にはまだ自動車を手掛ける体力はない、と考えていた。そのうえ、力を注いでいた紡織工場の拡張が、喜一郎が始めた自動車研究のために中止となってしまう。自動車は大変な金食い虫だった。いくら佐吉翁の遺言と言われても、おもしろいわけがない。石田はすっかり自動車嫌いになってしまった。豊田紡織という〝外野席〟にいたこともあって、さかんに文句を付けた。

「本業の紡績、織機を抑えて、大財閥もやらない自動車をどうしてやるのか。発明狂が二代、三代と続いては、築き上げたものまでふいになってしまう。御曹司《おんぞうし》の道楽をやめさせてほしい」

その危機を、喜一郎は働き続けることで乗り越えた。章一郎が証言する。

「おやじが言ってましたよ。『おれは紡織機に全知全能をかけたが、世間は全部、（父の）佐吉がやったと言っているよ。そこに意地がわく』と」

喜一郎も父・佐吉に負けない発明家である。東京帝大工学部で学んだ最新の知識もあり、織機の自動化を進めたのは、実は自分であるとの自負もあった。しかし、織機王として名高い父の前では、いかに織機開発で功績をあげても、名は残せないことは分かっていた。

「そこに意地がわく」と息子に語った言葉に、織機から乗用車の開発へと夢の軸足を移し、天才だった親を乗り越えたいという二代目の本音がにじんでいる。

「実に仕事好きの人でした」と、トヨタ自工会長だった斎藤尚一は言う。何時になっても工場から帰らなかった。斎藤は採用試験の際、喜一郎に「二日ぐらい徹夜できるか」と聞かれている。

同じく自工の元常務・梅原半二は、喜一郎が雑談をしたのを見たことがなかった。始めから終わりまで、そして死ぬまで仕事の話しかしない人だった。

自動車事業にのめり込み始めたころ、試作エンジンの馬力がどうしても出ず、悩んだあげく愛知県蒲郡《がまごおり》の海に部下たちと釣りに出掛けた。ところが、魚が釣れると、喜一郎は怒るのだった。

「おれは釣りに来たのではない。考えているんだ。釣れると考えが散るから、釣れないところに連れていけ」

それは父親そっくりのたたずまいだった。

石田の著書によると、佐吉とともに上海《シャンハイ》の一流の料亭に上がり込んだことがある。ところが、佐吉は床柱を背にし、目をつぶったまま杯を重ねている。織機の考案でもしていたのだろう、突然、「帰るぞ」と言いだし、石田たちを唖然《あぜん》とさせた。考えにとりつかれると、周りが見えなくなるのだった。

創業者の夢

一九三五年八月、動きもしない車まで、豊田自動織機製作所の試作工場に並べられていた。張子のトラならぬ、張子の車だった。

幹部が「そろえておくだけでいいんだ」と怒鳴っていた。喜一郎の工場を、「自動車工業法要綱(自動車製造事業法として公布)」の許可工場にするかどうか、商工省の視察が始まっていた。

喜一郎が豊田自動織機製作所に「自動車部」を設け、トタン張りのバラック工場に寝泊まりしながら自動車エンジンの組み立てを始めたのが三三年である。それから四年後には月産百五十台を達成し、その翌年には毎月、乗用車五百台、トラック千五百台という日本最大規模の挙母《ころも》工場を作り上げた。

常識を超えたその投資と成長は、商工省を中心とする国産車擁護の方針と、軍部の意向に沿って三六年五月に公布された「自動車製造事業法」を抜きにしてはあり得なかった。貧弱な国産自動車業界を保護し、軍用自動車の自給自足体制づくりを目指すこの法律は、次のような内容だった。

一、年産三千台以上の生産力を持つ自動車メーカーを、国が許可会社として指定する。
二、許可会社は、株主、資本および議決権の過半数が、日本人または日本法人に属すること。
三、許可会社は、政府の命令、監督に服するが、ことに軍用自動車の製造、その他軍事上の必要事項に関する命令に従わなければならない。
四、この会社には、五年間税金を免除する。
五、外国車の輸入を制限し、かつ輸入車には高い関税をかけることができる。

当時の日本には、「ダットサン」を発売していた日産自動車、大型バス「ふそう」

の三菱重工業、小型乗用車「ちよだ」の東京瓦斯《ガス》電気工業、トラック「スミダ」の自動車工業、国産初の高級乗用車として高松宮家にも納入された「六甲号」の川崎車輛《しゃりょう》、低床式バス「キソコーチ」の日本車輛製造など、再編を繰り返す中小のメーカーがあったが、年間三千台を生産できる国産メーカーは、日産だけだった。そこへトヨタは参入を図り、一番最初に許可会社の申請をして認められるのである。軍を背景にした保護政策があっても、挙母の新工場で、乗用車とトラックを合わせて毎月二千台も作るという計画は、賭《か》けに近かった。

しかも、「道楽事業」が会社としての体裁を整えたのは、許可会社に指定された翌年の三七年八月二十八日のことである。資本金千二百万円で「トヨタ自動車工業株式会社」を設立し、利三郎が取締役社長、喜一郎は副社長に就いた。日中戦争が約五十日前に始まっていた。

トヨタの飛躍と再生の時には戦争があった。日中戦争の翌年には、愛知県挙母町(現・豊田市)に工場を完成させたが、国家総動員法施行の年と重なっている。

自動車製造事業法の動きを見て、トラックの生産を指示した喜一郎だったが、夢は乗用車の国産化である。戦争特需によって、自動車事業への参入は軌道に乗り始めたものの、夢を運んでくるはずのラインから流れて来るのは、軍の要請に基づくトラック、トラック、トラック——。

喜一郎は四一年一月二十八日に社長に就任するが、戦前最高の月産台数を記録したこの年の十二月八日、日本はついに太平洋戦争に突入する。開戦のその年、トヨタの生産台数は、トラック・バス一万四千四百三台に対し、乗用車はわずか二百八台。乗用車比率はたった一・四%に過ぎなかった。

平和が戻った戦後も、混乱と不況の中で、本格的に乗用車生産に着手する機会はなかなか訪れなかった。トヨタの年間乗用車生産台数が千四百七十台と、千台の壁を超えたのは五一年になってからで、それでも乗用車比率は一〇・三%だった。

喜一郎はその前年の五〇年六月五日、トヨタの大争議の責任を取り、後を石田に託してトヨタを去っていた。しかし、自身で夢を捨てたことはない。

後のトヨタ自販副社長・大竹進は翌年七月、東京の喜一郎宅を訪れた際、乗用車の普及の夢を忘れることのないその情熱に触れている。

「作っただけの車を売らせるとの方針を改め、売れるだけの車種と数量の車を作るべきだ」

そうアドバイスするのである。今なら当たり前の市場調査の大切さを言っているのだが、車づくりへの情熱も関心も失《う》せてはいなかった。大竹は、この時の言葉を便箋《びんせん》三枚のメモに残し、大切に保存している。

この喜一郎に、自らの夢に再挑戦する機会が巡ってこようとしていた。倒産の危機にあった会社は、争議の終結直後に始まった朝鮮戦争の特需で復興し、五二年七月には社長に復帰する、との道筋が出来たからだ。

石田は、はなからショートリリーフのつもりだった。社長就任時に、いずれ創業者の手に戻すことを公言していた。石田は利三郎らと喜一郎のところに行って頼んだ。

「体もよくなったようだから会社に復帰して下さい。今の状態では、トラックでやれば大体、会社の建て直しはできます」

すると、喜一郎は「だから素人《しろうと》でいかん」と笑った。

「おれはそうではない。おれは乗用車をやる。乗用車でやれないなら会社に帰ることはできない。いま、乗用車のエンジンを研究しているんだが、もうしばらく自由にさせてくれ。研究が終わったら、言われなくても僕はやりたい」

そう言った喜一郎はしかし、復帰の矢先の五二年三月二十七日、脳溢血《のういっけつ》で突然、逝《い》った。まだ五十七歳だった。

急逝した喜一郎の告別式の前日、石田やトヨタ自販社長の神谷《かみや》正太郎、自動車工業会会長の弓削靖ら、創業前後から喜一郎を知る十一人が名古屋市内に集まり、思い出を語り合った。専門雑誌「流線型」に追悼記を掲載するためだった。

「豊田君の本当の意志は、軍用自動車でもなければ、政府の特殊な保護を受ける車でもなく、アメリカの大衆車に匹敵しうる国産自動車だった。これが最後まで頭から去らなかった」

東京帝国大学教授からトヨタに入った元副社長・隈部《くまべ》一雄《かずお》が、喜一郎の夢を振り返った。東京帝大で喜一郎と一緒に論文をまとめ、技術顧問としてもトヨタを支えた工学博士である。

「国産で、貨物自動車や乗用車を計画した人もありましたが、川崎の六甲にしろ、アツタにしろ、皆、やったのは高級車でした。豊田君は工業人としての夢は持っていたが、事業については現実的な意見を持っていて、絶対に安価な車を作ることを念願にしていました」

これを受けて石田が言った。

「トヨタ自動車は、乗用車を完璧《かんぺき》にしない限り、その遺志は継げないと私は考えております」

最後まで乗用車の研究を続けた喜一郎の無念さを、誰もが思いやった。トヨタは、この創業者の夢を追いかけた企業である。

「現地現物主義」や「かんばん方式」など、今日、トヨタ独自とされる生産のスタイルは、喜一郎の言葉の端々にすでに出てくる。

「一日に三回以上手を洗わないような技術者はものにならない」

そう語っては、自ら現場に顔を出して、油まみれの部品を手に取った。工場で喜一郎に、「手を見せてくれ」と言われた技術者もいる。元自工会長・斎藤尚一もその一人だ。

「君の手は綺麗《きれい》だね。僕は不器用だから傷だらけだ」

「ジャスト・イン・タイム（ちょうど間に合う）」は、戦前の工場に大書され、生産ラインの目標に掲げられた。副社長にまでなった大野耐一によって、無駄な在庫は作らない「かんばん方式」が編み出されるはるか前である。すでに生産工程の合理性を追求していた。

終戦翌年の一九四六年、戦後の一期生として入社した元専務・長谷川《はせがわ》龍雄《たつお》もまた、喜一郎の夢と悲運が交錯した瞬間を知る一人だ。航空力学を修めた気鋭のエンジニアとして期待を集めていた長谷川は大争議のさなか、名古屋市内にあった喜一郎宅に呼び出された。

「君、月産五百台の乗用車の新工場を企画しろ」

会社自体の存廃さえもわからなかった時期である。本意がどこにあるのか、いぶかしくもあった。「せっかくですが」と断ると、喜一郎は「そうか」と言って立ち上がり、応接間から外を悲しそうにじっと眺めていた。

最後の賭けだったのかもしれない。その死を知らされた長谷川は、夢をかなえてあげればよかったと悔やんだ。

喜一郎の死から三年後の五五年一月、トヨタは初の本格乗用車「トヨペット・クラウン」（RS型）を発表する。一五〇〇cc、六人乗り、全長は四二八五ミリ、全幅は小型車規格いっぱいの一六八〇ミリもあった。

これに対し、ライバルの日産自動車も同じ一月にダットサンとオースチンの新型を登場させ、二月にはいすゞ自動車がヒルマンの新型を、四月には後にプリンス自動車工業となる富士精密工業が新型プリンスを、それぞれ発表した。高度成長の幕開けだった。

クラウンの初出荷式典が開かれたのは、五五年の元旦《がんたん》である。挙母工場に集まった参加者は、全員がモーニングを着用して創業以来の夢の実現を祝った。役員や組合代表ら二百人が見守る中、専務だった豊田英二の運転する第一号車が祝賀アーチのテープを切った。だが、同僚と拍手をしながら長谷川は、あくまで大衆車こそが喜一郎の夢だと思っていた。

後に、長谷川は大衆（パブリック）という名前を持った、トヨタ初の大衆車「パブリカ」の企画担当になった。巡り合わせを喜ぶと同時に、「命がけで、実現させなければ」と誓った。

パブリカは比較的短命に終わったが、続いて手掛けた新大衆車は、世界の自動車史に輝くベストセラーカーとなった。

喜一郎の妻・二十子にとっては、息子の章一郎を社長とすることが、夫の無念さに応《こた》えるすべだったのだろう。

喜一郎の死後、二十七歳で取締役として迎えられた章一郎は、順調に役職の階段を上っていくが、二十子は章一郎の社内での風評を気にしていたという。立場上、社内の事情に詳しかった元トヨタ自工労組委員長・梅村志郎の証言だ。

章一郎がトヨタ自販の社長になる時も、本当は喜一郎に直接つながるトヨタ自工の社長就任が二十子の願いだったという。自販と自工が合併して誕生したトヨタ自動車の初代社長となるのは、喜一郎の死から三十年後である。

会長の奥田碩は、喜一郎を直接には知らない。しかし、「非常にとんがった人間だった」と想像している。「とんがる」とは、独創性のある人物に対する奥田流の形容詞である。

二〇〇一年一月、出身地の津市で開催されたベンチャー企業のシンポジウムで、奥田は、喜一郎をベンチャー魂を持った起業家と紹介し、こう語った。

「彼らを動かしていたのは、金でも名誉でもなくて、難局に果敢に挑戦し、自分の夢の実現に向けた深い志と情熱です。自らリスクを背負って、道を開いていく、喜一郎のような人材が二十一世紀の日本に求められています」

奥田の言葉は外に向けられただけではない。世界第三位の自動車メーカーとなり、保守に走りかねないトヨタ自身にも向けられている。

「とんがった」人材を育てる。それが奥田ならではの創業精神の継承である。

二人の大番頭

中興の祖・石田退三

豊田家を求心力に結束を固めてきたトヨタグループで、創業家にも増して、「トヨタDNA」の刷り込みに力を注いだ男がいた。トヨタ中興の祖、そして大番頭と語り継がれる元トヨタ自工会長の石田退三である。

石田は一九五〇年七月、労働争議で社長を引責辞任した喜一郎の後を継ぎ、トヨタ自工三代目の社長に就いた。六十一歳。戦後の混乱の中で豊田自動織機製作所を建て直し、自動織機社長との兼務だった。

「火事見舞いに駆けつけたら、ホースを渡されたようなものだ。社長はやらされたんだ」

そう家族にこぼした。

喜一郎の「豊田自動織機自動車部」への風当たりは強かった。それでも挑戦を続けた喜一郎を敬愛していたのだろう。

「(喜一郎さんは)『いい車が出来たら、石田君にやるからな』と言っていたのに、先に死んでしまった。死ななければ、トヨタに行くこともなく、引退していた」と、石田は後に語っている。

「番頭」を自称する彼が、喜一郎を社長に復帰させるつもりだったことは前にも触れた。

自著『人生勝負に生きる』(実業之日本社刊)では、それは悲願だった、と独白している。

〈社長就任の挨拶《あいさつ》に、私は次のようなことを特にハッキリ述べた。

「トヨタ自動車工業はご承知のごとく、前社長、豊田喜一郎氏苦心の創業によるものであります。その豊田社長が退陣されて私が代わったということは、時に利あらず、経営不振の責任を感じ、株主各位ならびに債権者に対し、心からおわび申し上げるかたちをとられた結果であります。つきましては、不肖石田退三、粉骨砕身して、会社の業績好転に努力し、かならず各位のご期待にそうことを得ましたあかつきには、ふたたび、豊田喜一郎氏を社長にお迎えすることを、前以《もっ》てみなさんにご承認おき願いたいのであります」

これは私の真情である。しかも実現の一日も早からんことを祈った、悲願である〉

しかし、五二年三月に喜一郎が急逝し、その後を追うように、喜一郎の義兄で初代社長の利三郎も六月に六十八歳で死去し、石田の腹は固まる。

〈こらもう勝手なことはできんわい。（佐吉、喜一郎の）発明親子が育てた芽を守りきらねばならん、とワシはそう心を決めて、前にもましていじましゅうカネをため込んだ〉

運にも恵まれた。社長正式就任の日に、米軍から第一回目の巨額の発注を受け驚いた。ついきのうまで、減産に次ぐ減産だったのに、それが嘘《うそ》のような朝鮮戦争特需である。

「天佑《てんゆう》神助」と、石田は言った。そして、真面目《まじめ》に辛抱しているからツキが来るのだ、全力を尽くして怠るな、とも自分に、そして社員に言い聞かせた。争議を解決したうえ、石田は倒産寸前のトヨタをまたたくまに再建し、無借金経営の礎《いしずえ》を築いた。

石田は、一八八八（明治二十一）年に伊勢《いせ》湾と三河湾の間に突出した知多半島の愛知県知多郡小《こ》鈴谷《すがや》村（現・常滑《とこなめ》市）大谷に生まれた。ソニーの創業者である盛田昭夫もこの村の出身だが、盛田は、大地主で造り酒屋「盛田株式会社」を経営する盛田家の十五代当主、石田は農家の五男である。

〈私は百姓の小セガレである。子供のころにもらう小遣いといえば、わずかに盆と正月の二回だけ。その額も、貧乏百姓とあってはタカが知れている〉と、自著『自分の城は自分で守れ』（講談社刊）にある。ただし、同じ著書には「大百姓の方だった」ともあり、知多郡の最高学府とも言える鈴渓《れいけい》高等小学校に進学もしているから、書いているほど貧しかったわけではない。

ちなみに、鈴渓高等小学校の前身は、盛田家十一代目・久左衛門（命祺《めいき》）が開いた「私立鈴渓義塾」である。

鈴渓義塾は、言語学者の石黒魯平《ろへい》、戦艦「大和」艦長の森下信衛《のぶえ》、元文部事務次官・伊《い》藤《とう》延吉らを輩出しており、石田は郷土の偉人が学んだ学校を出たということを大きな誇りにしていた。常滑市は、ほかにも元東京電力会長の平岩外四や、哲学者の谷川徹三らを生み出している。そうした人々の熱を受けて、負けん気の強い石田が育った。

十三歳で父を亡《な》くしている。二年後、高等小学校を卒業するころ、親戚《しんせき》で三井物産に勤務していた児玉一造（後に名古屋支店長を経てトーメン会長）の支援を受け、滋賀県彦根《ひこね》市の児玉の家から彦根中学校に通うことになった。児玉の自宅には、神戸高等商業学校の学生だった弟の利三郎がいた。石田の四つ年上で、やがて兄弟のような間柄となった。

その後、トヨタの大番頭へと駆け上がっていく石田の前史を、トヨタ工業学園の副読本は次のように描いている。

〈(石田は)なかなかの元気者で、ボート部のキャプテンになったまではよかったのですが、新任校長の排斥運動の大将に祭りあげられ、そのたたりかどうか、志望した軍人や官費の上級学校の入学試験は全部不合格、小学校の代用教員になりましたが長続きせず、石田家の養子となって石田退三となり、大阪へ出て実業界で働いていました。

恩人児玉一造が、後に三井物産名古屋支店綿花部長となったころ、発明家豊田佐吉と親しく交わるようになり、その縁で弟利三郎が豊田家に迎えられ、佐吉の事業を発展させることになるのです。退三はこの不思議な縁の糸にあやつられ、昭和二年、またいとこにあたる利三郎の経営する豊田紡織に入社、十六年、豊田自動織機へうつり、利三郎の手足となって豊田の発展に献身しました〉

石田が働いていた「実業界」というのは、洋家具店の店員である。さらに、東京の呉服の卸商、繊維製品の商社だった名古屋市の服部《はっとり》商店を経て、児玉の口添えで豊田紡織に入る。既に三十八歳だった。

その石田が「恩人」と仰いだのが佐吉だった。「おれは佐吉翁《おう》から薫陶《くんとう》を受けた」が口癖で、自慢でもあった。その薫陶とは、「発明家は研究をしてお国に尽くす。商人はカネもうけしてそれを助け、そして国に尽くせ」という経営哲学である。

佐吉に出会ったのは、「服部商店」に入社した時だった。佐吉がこの商社の社長から二十五万円を借りる場面を目撃する。社長が手形を切ると、佐吉は無愛想な表情で受け取り、お礼も言わずに引き上げていった。今日なら何億円にも匹敵する大金だ。〈どえらいヤリトリを、まったく事もなげにやってのける二人に目を見はった〉と、自著に記している。

その石田が後には、いつも百万円ほどを財布に入れて周囲を驚かすようになった。孫で石田財団理事長の石田泰一によると、幅の広い輪ゴムで財布をとめ、背広の内ポケットにいれていた。ツケが嫌いで、「遊ぶ金は現金で払うものだ」と胸を張った。大金を持ち歩く理由を聞くと、こう言った。

「財布がぺらぺらだと、考え方がけちくさくなる。判断を間違えることにもなるからだ」

財布は黒っぽい牛革で、注文して作らせたようだった。百万円の財布を持つ一方で、毎日、小遣い帳を付けるのを日課とした。その日の余った小銭は貯金箱に入れていた。貯金箱は、百円、十円玉など三種類あって、貯《た》まると銀行に預けた。家族は後で知ったが、泰一と姉の通帳がつくってあった。

明るく、遊びが好きな人だった。野球が大好きで、ジャイアンツをひいきにしていた。家にはテレビが二台あり、一台でプロ野球を、もう一台でNHKか、何かをつけて両方見ていた。毎年、ジャイアンツの春の宮崎キャンプには必ず陣中見舞いに行っている。土産はすき焼きの肉と決まっていた。

元巨人軍監督の川上哲治《てつはる》と仲がよく、名古屋で野球があると、よく巨人の選手たちを中華料理店に招待していた。泰一らを連れ、長嶋、王、金田、柴田《しばた》ら当時のスター選手とも食事をともにしている。

相撲も好きだった。栃錦《とちにしき》の大ファンで、東京の春日野《かすがの》部屋にはよく顔を出していた。

「仕事をやるだけやったら遊ぶ」のが信条である。

若いころ、酒を飲んでお金に困ったことがあった。外に出ると、ついお金を使ってしまう、と考えて、一ヶ月間、外へ出歩かないことにし、貸本を借りてきては毎日読んでいた。このころから小遣い帳を付け始めている。以来、金には困らなくなった、と家族に話していた。小遣い帳をつけると無駄使いしなくなる。金は溜《た》まり始めると、寝ていても増えてくるというのだった。

東洋紡の社長だった谷口豊三郎《とよさぶろう》は、泰一にこんな話をしたことがある。

「あんたとこのおじいさんが、偉くなるとは思わなかった。商売はうまかったが、遊びも好きで、あんなに仕事に集中するとは思わなかった。ゆっくりする暇もなかったのではないか。人間的に面白い人だった」

硬骨漢の石田は、「三河の田舎者《モン》」と自称した。彼に言わせれば、トヨタの本社は「偉大なる田舎」の名古屋からさらに一時間の田舎にある。本社もいまだに四階建てのビルで、駅前にも派手な娯楽施設はない。それでいい、と石田は言う。

元トヨタ自販会長の神谷正太郎が、章一郎の目を中央にも向けさせようと、東京で開かれる財界のパーティーによく引っ張り出した。石田はそのことを苦々しく見ていたと、秘書だった元トヨタ役員が語る。

「お江戸の人は虚業家が多い」と言うのである。

家族にも一徹で、几帳面《きちょうめん》な石田の姿が焼き付いている。朝五時には起き、新聞各紙に全部目を通し、午前八時に名古屋市の家を出た。出張に行くときはすべて自分で用意した。泰一にも準備は自分でやるように言いつけた。出張先で、何が必要か、何を持ってきたか、自分で知っていないといけないからだという。

会社のトイレに髪の毛が残っているのを嫌がり、「洗面、風呂場《ふろば》など次の人が使うものはきれいにしておけ」とよく小言を言った。火鉢にたばこの灰を落とすのも嫌いで、灰皿に水を入れるのも嫌った。

石田家では、青い火鉢で年中、炭を起こしていた。家に炭小屋があり、ダンプカー一台分ぐらい買うのだ。鉄瓶をかけ、冬はそこで餅《もち》を焼いた。この火鉢では、夏も湯が沸いていた。石田は、東南アジアに行って、食あたりして以来、水道の水も飲まなくなった。井戸水もあったが、必ず沸かして湯冷ましを飲んだ。

「無借金経営」を推し進めた経営者らしく、家でも合理的ということにこだわった。家族に、「安いものは買うな」というのである。「ちゃんとしたものをどんと買え」「買い物は貯めてから買え」と。安いと、安易に買うので、結局無駄遣いになる。安いから捨てても苦にならない。それは結局、無駄なのだ。

泰一が慶応大学に進学すると、酒代を含め、半年分の生活費一切を振り込んだが、振り込んでもらうには、手書きの予算書を祖父に申請しなければならなかった。

一九七九年に九十歳で亡くなるまで、石田はサラリーマン社長の立場を貫いた。泰一の聞いた言葉が、その姿勢を伝えている。

「月給取りというのは、会社に稼がせ、その中からもらうものだ。会社にはもうけさせなきゃいかん。そして給料をもらうものだ。自分は欲が深いんでね。自分の能力を使ってもらい、評価してくれるところで働くんだ」

泰一も六九年に入社したトヨタマンである。広報部や中古車業務課などで働いたが、祖父ほど、「報恩」や「志」ということを口にした人を知らない。

「信心深いというか、神様、仏様を大切にしていました。人間のおごり、たかぶりを戒め、力を与えてくれるというのです。自分の力でやったというのではなく、神様に助けてもらっているという気持ちを持っていたようです。

そういう気持ちがあったからでしょうか、『助けてもらったことは忘れず、きちっと返していかなければならない』、トヨタについても『長年飯を食わしてくれた』とよく言っていましたね。そしてね、こう言うんです。『返せないほど恩を受けたが、必ず返すようにしないといけない。だけど、人からの恩返しは当てにするな』って。

『いいことずくめのようにみえる人もいるが、そんなものは通用しない、肝心なのは自分がどうするかだ』」

石田財団には、にこやかな石田の特徴をとらえた絵が飾ってある。六五年ごろ、泰一の美術の先生が描いたものだ。堂々として、柔らかな笑顔を浮かべながら、石田は「佐吉翁を傘にさせていただいて」という言葉を繰り返し使った。常に、一歩引きながら、佐吉と豊田家を立ててきたのである。

豊田家側からはどう見えていたか。

「石田さんは、トヨタグループの総帥《そうすい》として、グループを一つの求心力を持ってやっていこうという気があった」

豊田章一郎はそう語る。佐吉を求心力の源として使い切ったというのだ。章一郎は、豊田家の人間では、そういう芸当は出来なかったとも認めている。

「トヨタは宗教国家だ」と分析したトヨタOBは「トヨタのトップは組織作りは下手だったが、教祖が、こう望んでいると(察して)セッティングをする参謀が常にいた」と指摘する。その筆頭が「大番頭」石田だった。

現代の大番頭

同じトヨタの「大番頭」と称されながら、一歩引く石田と対極にあるのが、日本経団連会長を兼ねる奥田である。百八十センチ、八十キロの堂々たる体軀《たいく》と歯に衣《きぬ》着せぬ物言いで、自動車業界の一歩前を歩いてきた。

石田は「経営者はまずもうけよ。企業の社会的責任などと、きれいごとを言うな」が持論である。松下幸之助《こうのすけ》に「自分の兄のような相談相手だった」と言わせたが、自分の城を守れと説き、財界活動を嫌った。この「トヨタ精神の権化《ごんげ》」に対して、冗舌という点では同じでも、奥田は、「財界総理」、時には政府の「経済財政諮問《しもん》会議」議員として、消費税率を毎年一％あげる奥田ビジョンを提言したり、日本経団連の政治献金復活を決断したりして、自信満々の日本改造論を口にする。

そのバックに、二〇〇二年三月期連結決算で経常利益一兆円を突破した業績、次世代技術開発で世界の先頭に立つ技術力、そして、郵政事業庁（現・日本郵政公社）までが教えを乞《こ》う労使一体の「トヨタシステム」がある。

陰と陽の対極にあるように見えるこの二人に共通しているのは、トヨタＤＮＡが骨

の髄まで しみ込んでいるということだ。豊田家の「内の人」なのである。

石田が創業家の藩屏《はんぺい》として生きるようになったのは、兄弟のように育った利三郎とのつながりと、「佐吉の薫陶」であったことは既に紹介した。では、奥田はいかにして、「大番頭」に駆け上がり、トヨタの「内なる人」となったか。

マニラ郊外の広大な屋敷には、牧場や集会場、農園まであった。

「どれほどあるのか、自分にもわからないな」

政商と呼ばれる人物は笑みを浮かべた。

リカルド・C・シルベリオ。二〇〇一年五月までフィリピンの下院議員だったが、その力は国会よりも密室で発揮されることが多かった。一九六〇年代から八〇年代にかけてフィリピンで権勢を振るったマルコス大統領に莫大《ばくだい》な献金をした、と伝えられている。大統領の意向を受けて、経営不振の航空会社を買収したこともあれば、軍にミニクルーザー四千車両を納入したこともある。銀行から鉱山開発まで約五十もの企業グループを率いた。

七二年秋、奥田はその政商から多額の延滞金を取り立てるよう、トヨタ自販から命じられていた。肩書は「経理アドバイザー」。三十九歳だった。

一方のシルベリオは、トヨタ車の組み立てと販売を独占するデルタ・モーターの社長だった。フィリピンの政商を調査した大阪外国語大学教授の津田守によると、グループ全体で総資産は約三十億ペソ（約八百億円相当）に上った。譲歩しないことで知られ、海外パートナーの「三大難物」の一人と、トヨタでは言われていた。

あれは左遷《させん》だった、という人が少なくない。マニラ派遣までの十七年間、奥田は本社経理部にいた。「経理だけしか経験せずに海外駐在になること自体が異例だし、明らかに出世コースを外された」と元海外担当役員は語る。

奥田は上司にもずけずけと意見する性格である。元常務は「それが一部の役員に疎《うと》まれていましたね。男の嫉妬《しっと》ですよ」と振り返った。フィリピン駐在から役員になった者はいなかった。ただし、奥田自身は左遷とは認めない。「日本の空港に降りた途端に感じる風通しの悪さは昔から変わらないな」と皮肉っぽく語るばかりである。

そのころ、フィリピン経済は低迷していた。シルベリオは、デルタの収益を親族企業に回し、トヨタへの部品代金の支払いを滞らせていた。延滞金の総額は、奥田の記憶では数億円、今の十数億円に相当した。

「トヨタの海外事業に初めて訪れた危機だった」と、別の元海外担当役員は明かす。デルタは運営資金をトヨタからの借り入れに頼っていた。トヨタは奥田のサインがなければデルタが資金を引き出せないように改め、デルタの販売利益もすべて奥田の管理下に置かせた。

そのうえで裏の手を使った。奥田が本来、認められない支払伝票を本社に内証で切ってやった、という話が残っている。副社長の石坂芳男（現・関東自動車工業監査役）は「相手に貸しを作って重要なことは自分の決断を通した。戦術の一つだと思います」と言った。

デルタの利益は未納金の返済に回され、数年ですべて回収された。それと並行し、奥田は政財界に人脈を広げている。

シルベリオは、「オクダサンは人に会う才能があった。ある時、マルコスに紹介しようとしたら、すでに自分で二、三回会った後で、びっくりした」と証言した。「戒厳令下でしたが、（マルコスのいる）マラカニアン宮殿には行きたい時に行けるようになっていました」と奥田も認める。

「開放的な性格はフィリピン人に近い。日本人には珍しく、素の部分で付き合った」。販売店社長のレヒナルド・Ａ・オーベンの話だ。

フィリピン政府の自動車国産化計画に沿って七〇年代初め、デルタがトヨタの支援でエンジン工場を作りたい、と言い出した。当初、本社は技術的にも資金的にも無理と難色を示したが、シルベリオの熱意に動かされた奥田たちは、フィリピン政府から日本の戦争賠償金を引き出すことに成功した。

こうしてデルタ製エンジンのトヨタ車が出来上がった。賠償金が民間企業におりるのは異例で、フォードなどライバル社は政府に強く抗議した。

「フィリピンでの経験は大きかった。ビジネスマンは狂ったように仕事をし、だましや裏切りもたくさんあって、相当鍛えられましたね。あの厳しさを経験したから、バブルの時も企業の多角化や投資を冷ややかな目で見ることができた」

奥田は海外駐在員にこうも話して聞かせた。

「日本ではただの兵隊でも、海外の小さいところなら大将だ。そこなら本社の偉い上司とも会える。チャンスは広がるんだよ」

当時、自工副社長だった豊田章一郎の娘婿《むこ》・藤本進が、アジア開発銀行駐在員としてマニラに赴任していた。章一郎が孫に会いに来るたびに奥田は案内したり、ゴルフに同行したりした。それが「大番頭」への第一歩だった。

海外駐在は普通五年だが、奥田に帰国指示がきたのは六年半後のことだった。アジア一帯を統括する豪亜部長のイスが用意されていた。このポストから二代続けて役員が出ていた。抜擢《ばってき》だった。

「だって君、奥田は組織を乱すというじゃないか。評判が悪いぞ」

八二年七月、トヨタ自工とトヨタ自販が合併する時のことだった。人事を握っていた自工会長の花井正八（故人）は険しい顔を隠そうとしなかった。

「それは古巣の連中がでたらめを言っているんです。彼の器がわかっていない」

花井の前で、自販常務の神尾秀雄が食い下がっている。奥田がフィリピン駐在から自販の豪亜部長となって、四年目を迎えていた。

上司に直言する鼻っ柱の強さは変わらない。その役員昇格に自販側から強い異論が出ていた。花井はうわさを聞きつけ、奥田の取締役就任を渋った。再考を迫る神尾は豪亜部の担当役員である。フィリピンでの奥田の奮闘と豪亜部長としての采配《さいはい》を見て、将来性を買っていた。

合併は、表向き対等だが、実質的には自工の側が、戦後の経営危機の際に分離した自販を吸収するものだった。自販出身者はただでさえ冷や飯を食うとされているのに、仲間ともいえる自販内部の人間が足を引っ張っていた。出る杭《くい》は打たれるのである。

幸運だったのは、フィリピン時代に親しい関係を築いた章一郎が、一年前から自販の社長を務め、新生トヨタ自動車の社長にも決まっていたことだった。奥田の昇格を章一郎は推した。結局、自販の役員十人が退任する代わりに、奥田は自販出身の二人と共に役員に昇格した。そこから道が大きく開けた。

内示のあった晩、トヨタ自販の社宅に戻るなり、妻の恭江《きょうこ》に「おい、社宅を出なくちゃいかん。新居を探せ」とどなった。珍しく冷静さを失っていた。百万円の手付金を払った後に、新会社には役員用の社宅が用意されているのを知った。手付金は戻ってこなかった。

奥田は仕事に厳しさを求める。豪亜部が担当するアジアは、国によって浮沈が激しい。マレーシアでは、イギリス資本の販売店が経営不振に陥ったため、自ら現地に乗り込み、現地資本に切り替えた。

部下には「権限は与えるが、責任は必ず取れよ」と言った。

「任された仕事は会社との約束だ。それが果たせないようなら失格だ」

豪亜部時代に右腕として働いた豊田自動織機会長の横井明（現・相談役）は、奥田の口癖をよく覚えている。

八五年には、アメリカに単独進出するための用地選定を任された。日米自動車摩擦が再燃し、現地生産の拡大が求められていた。単独生産ではホンダに先を越されている。失敗の許されないプロジェクトだった。

会長だった豊田英二から、北米事業準備室副室長に指名された奥田は、全米三十数州の応募の中から、絞り込んだ約十州の知事と交渉を重ねた。

「一日に二、三人の知事と会うのは当たり前でしたね」

候補地の周辺を自分の足で歩き、「用地買収から従業員の採用まで、全面的に協力する」という条件を引き出して、ケンタッキー州に決めた。当時室長だった田村秀世は「手練手管を使わなかった。その彼を知事が非常に信頼してくれた」と語る。

専務、副社長を経て、病気の豊田達郎に代わって社長に就いたのは九五年のことである。達郎は章一郎の弟だ。

フィリピン駐在時代から、いつも前向きに生きてきた。会長に上り詰めた奥田は言う。

「前向きでいれば、新しい世界が見えてくる。不遇だなんて思ったことは一度もない」

それは「真面目《まじめ》にやるものが勝つ。何事も出番を待つまでの修業が大事だ」と自分にも言い聞かせた石田の生き方と重なっている。

章一郎はトヨタの異分子である奥田を、社長に、つまりトヨタの大番頭にしたくてたまらなかった、という証言がある。奥田を社長に据えた決断が、世界の自動車メーカーの「ビッグ3」入りを果たす飛躍をもたらすことになるのだが、その章一郎は「彼が成長してくれたのは、トヨタにとっても幸運でしたね」と語るだけだ。

奥田の下で、章一郎の長男・章男が、副社長に抜擢されている。それが、巷間《こうかん》言われる「豊田家への大政奉還」への歩みならば、奥田は、喜一郎に社長の椅子《いす》を返上しようとした石田と同じ役回りを、彼の半世紀後に演じていることになる。

第二章 養成工一期生

入社時の一期生集合写真（1939年4月1日、挙母工場で。「30年の歩み 一養会」より転載）

This is a nut.

モノづくりの礎《いしずえ》

「ディス　イズ　ア　ナット」
「ディス　イズ　ア　ボルト」

教師の発音をまねて、教室では、四十数人の少年たちが、声を合わせていた。敵性言語として、英語が目の敵《かたき》にされていた第二次大戦中のことである。教室から英語が追放され、野球のストライクまで、「よし一本」に変わった。しかし、トヨタ自動車工業挙母《ころも》工場の敷地内に設けられた「技能者養成所」では、英語は必修だった。

トヨタは会社を設立した翌年の一九三八年、本格的な自動車生産に乗り出すため、愛知県挙母町（現・豊田市）に突貫工事で新工場を建設し、約二十キロ離れた同県刈《かり》谷《や》町（現・刈谷市）から生産拠点を移した。月に二千台と、旧工場の四倍の生産能力があった。

「とにかく急速に工員の養成をしなければならない事態となり、臨時の体制を作ってこれに対応しました」と、豊田英二は後に語っている。

挙母町は明治、大正時代を通じて全国でも指折りの繭《まゆ》の産地だったが、化学繊維の発明や世界恐慌《きょうこう》などで打撃を受け、不景気の底に沈んでいた。新工場は町の南端で、知立《ちりゅう》町（現・知立市）や刈谷町に通じる三河鉄道（現・名鉄三河線）と、岡崎に通じる県道（現・国道二四八号）に囲まれた広大な荒れ地を切り開いた。一帯の農家の二、三男を労働力として確保できるという計算が、喜一郎にはあった。

工員養成のため、まずは短期養成工制度を作ったが、間に合わせに過ぎなかった。翌三九年四月には、政府が富国強兵を目指して公布した「工場事業場技能者養成令」に基づいて、国から補助金が出ることになり、挙母工場内に技能者養成所が開校された。養成期間は三年。トヨタで働きながら学ぶのである。「生産現場の中核を担《にな》う人材の育成」が目的だった。

この年、東海四県の尋常高等小学校や青年学校を卒業した三百三十九人の少年が養成所の門をくぐった。一年間は寄宿舎暮らしである。大正十三年か十四年生まれだった。国策に沿って、モノづくりを担い、生産現場を支えるように育てられたことから、養成所出身の工員は「養成工」と言われ、一九三九年に入所した十四、五歳の少年達は「養成工一期生」と呼ばれた。

尋常高等小学校を卒業して、養成工一期生となった板倉鉦二《せいじ》は、当時の英語の教科書『ビギナーズ・テクニカル・リーダー』を今も大切に持っている。

六十年の時が流れ、茶色く変色した表紙には、歯車と煙突を描いた絵が浮かび、一ページ目の冒頭には、〈本書は工場付設の職工養成所及青年学校、又は青年学校令による工業学校付設の専修科に於《お》ける英語教科書として編纂《へんさん》された〉とあった。

この教科書を手にする者の多くが、昼間働き、予習や復習する余裕のない生徒たちである。〈趣味や道楽や安価な教養の為《ため》に課するのではない。従って教材は須《すべか》らく彼等が工場に於て直接関係あるものに求むべきであって花鳥風月に教材を採るが如《ごと》きは此種学校に関する限り無駄と云《い》わざるを得ない〉（「編纂の趣旨」より）と記すぐらいだから、「LESSON ONE」から普通の教科書とは異なっていた。始まりは、

This is a nut.

そして、

This is a bolt.
This is a nail.
This is a screw.
This is a hammer.

と続いている。

その年の五月には満蒙《まんもう》国境付近のノモンハンで関東軍とソ連・モンゴル軍が武力衝突し、ノモンハン事件へと発展していった。欧州では九月にドイツ軍がポーランドに侵攻し、第二次世界大戦が勃発《ぼっぱつ》していた。日米開戦前夜を反映して、教科書には「book」や「pen」の代わりに、「tank（戦車）」や「warship（戦艦）」などが、覚えるべき単語として絵入りで紹介されていた。

だが、中学に進学しなくても英語が学べることが、板倉には誇らしかった。

「あのころは、機械も工具も部品も米国製が多かったので、英語ができないと仕事にならなかったんです」

通信簿の成績が悪いと入れない、と先生に言われ、下駄《げた》を履かせてもらって入った会社であり、養成所だった。

東京帝国大学工学部機械工学科を卒業して四年目の英二自身も、教壇に立っていた。喜一郎から引っ張られ、自動車を始めて四年目の豊田自動織機製作所に入社し、翌三七年にトヨタ自工に移っていたのだった。たった一人しかいない監査改良部に籍を置きながら、力学を教えた。

板倉には誇らしいことがもう一つあった。養成工ながら、給料が支給されたことだった。中村信男の記憶では、日給が六十五銭だった。大福一個が五銭の時代で、トヨタはまだ田舎の二流企業だったが、当時の花形産業だった航空機メーカーや電車会社の初任給にも負けていなかった。

一期生は二組に分けられ、一方が授業の日は、もう一方が工場実習だった。授業では三角関数から材料学や自動車工学まで学んだ。新実康一は「原子核壊変による巨大なエネルギーについて、話してくれた教師がいた」という。原爆のことだったと知るのは数年後だ。

精神教育も重視された。トヨタには創祖・豊田佐吉の精神を基にまとめられた社是「豊田綱領」がある。手嶋佐久三《てしまさくぞう》らによると、午前六時半に寮で起床し、部屋の掃除の後、毎朝綱領を暗唱し、綱領に沿った重役の講話があった。新実の記憶に残るのは、ドイツのワイシャツの訓話だ。

「ドイツで生産されたワイシャツには、入念にボタンがつけてある。だから、いつまで着てもボタンが取れることがない。それが良心的で立派な商品ということだ、君たちもそういう商品を送り出さなければならない」

講師はそう強調した。当時、一期生が着ていたシャツは縫製が粗雑で、ボタンが取れたり、縫い目が解けたり、洗濯したら縮んだりしたのである。

脱「徒弟制度」

既に亡《な》くなっている一期生だが、土井蔵三が礼儀に厳しくなったのは、敬礼をたたき込まれたからだったという。寮の舎監として常駐していた陸軍中尉《ちゅうい》は、親に付き添われていった中央食堂南側の広場で、「確かに大事なお子さんを責任を持って預かりました。お父さん、お母さん、ご心配なくお帰り下さい」と演説した。その翌日から、門からの出入りには、八班三百三十九人の一期生が四列縦隊に並び、「歩調取れ、頭右」のかけ声で一斉に敬礼したものだ。

不思議なこともあった。三菱《みつびし》重工の養成工たちが、挙母《ころも》駅（現・名鉄豊田市駅）で電車を待っている土井たちに、一度ならず挙手の礼をするのである。意味も分からず応《こた》えていたが、一期生がかぶる赤線の入った帽子は、三菱側の管理職のそれとそっくりだった。

どこの会社でも敬礼が徹底していた時代だった。ちょっと気が緩むとビンタを張られるので、上司の顔が見えようものなら、どんな時も一期生同士で教え合って、敬礼をした。

職人肌の工員が多かった。口よりも早く鉄拳《てっけん》が飛んできた。ハンマーで殴られた一期生もいた。作業帽しか被《かぶ》っていなかったから頭がぼこぼこになった、という者もいる。眠たくなってボーとしていると、先輩のハンマーがいきなり「何やっとるだあっ」という三河弁とともに、びゅんと飛んで来た。バシャーンという大きな音がして肝を冷やした。

しかし、時代は、腕と勘がものを言う職人的なやり方から、機械化による大量生産に変わりつつあった。技術の変化に素早く対応でき、一定のレベルをこなせる人材を、効率的に育てていく必要があった。

一期生は、教師からは何度も「将来、中堅の社員になってもらう」と言われた。

「かつては、見て盗めという徒弟制度でしたが、言葉でも指導できる人を作りたかったのではないでしょうかなあ」。同期でひときわ大柄だった中村信男は、のんびりとした口調で言う。

一期生に今日のトヨタを予想していた者はいない。地元の企業だから、とトヨタを選んだ都築定夫は「トヨタを一流にするのも、支えていくのも、おれたちだと張り切っていたもんだ」と語る。

「よく絞られ、仕込まれた」と言うのは、陽気で一本気な花井十四三である。

「だがね、金には代えられない財産になったよ。今もトヨタには足を向けて寝られない」

手に職を持て

兄も弟も……第二の故郷

「兄のように、お前もトヨタに入れ。手に職を持つんだ」

一九三八年の冬だった。まだ十四歳の山下元良は、そう語る父の安太郎が寂しそうに思えた。

長男盛次は豊田自動織機に、二男正隆、三男栄一、四男敏彦（グアムで戦死）の三人は、トヨタ自動車工業に就職していた。そして、末っ子の自分にまで出て行けというのである。

山下家は、天竜川の源流、静岡県龍山《たつやま》村（現・浜松市）で元禄《げんろく》時代から続く旅館「山下屋」を営んでいた。当時は天竜川を船が行き交い、生糸や材木、鉱物の物流を支えていた。その船員が旅館の客だった。

山村では自動車はまれだった。時折、旅芝居の一座が自動車でやって来るぐらいだ。

しかし、父は旅館の行く末を案じていた。

「車が発達し、船便が少なくなるのが、おやじには見えたんだな」

翌年、山下は兄たちの後を追うように、トヨタに入社した。技能者養成所の開校と重なり、養成工一期生となった。

浜松から汽車に乗って挙母《ころも》町に着くと、見渡す限りの原っぱの真ん中に、完成して間もない二百ヘクタールの大工場が広がっていた。

(広いなあ。ここで、自動車いうもんができるのかあ)

山里に生まれ育った少年の目には、すべてが驚きだった。村には芝居の宣伝に来る時ぐらいしか、車は通らない。自分がその車を作る会社に就職するとは思ってもみなかった。

広い専用道路を歩いて、工場と地下道でつながる二階建ての寮に着いた。寮も真新しく、大きく、立派だった。

付き添ってきた母のうたは、「朝は一人で起きれるか」と、息子を気遣った。寮生活の始まりだった。

舎監室を挟み、西に一期生が入る三棟の男子寮、東に二棟の女子寮があった。一期生のほとんどは、愛知、岐阜、三重、静岡の出身だ。出身地の近い者同士が相部屋になり、十五畳の部屋に九人が詰め込まれた。

挙母町は、生糸の産地で、工場の周辺には桑畑が広がっていた。一期生の岡田栄次は、この町の草葺《ぶ》き屋根の養蚕農家に生まれた。岡田も父に、目の前の工場に勤めるよう勧められた。

岡田が入ると、二人の弟もトヨタに就職し、「トヨタ自動車の岡田一家」の渾名《あだな》が付いた。

山下や岡田の父が見込んだように、トヨタは戦後、大争議を経ながら立ち直り、日本のモータリゼーションを担《にな》った。一期生である父の背中を通して見たトヨタは、その子供たちの憧《あこが》れとなった。

佐野三雄の二女はトヨタの教育部に入った。板倉鉦二の二男は養成工を経て品質保証部に、土井三吉の息子は海外協力部門の主査である。

「慶大工学部の孫も、できればトヨタに入ってほしい」と土井。野田孝夫の長男で、技術部の孝久は、むしろ会社に入ってから、おやじの偉大さを知ったという。

山下の実家の旅館は、秋葉ダムの湖底に沈んだ。しかし、兄弟たちは今なお、盆や正月になると、ダム湖畔に移された安太郎ら先祖の墓を訪れ、一族三十人余りでお参りする。

五人の息子を送り出した父には、実は夢があった。

「息子たちの手に職をつけさせ、浜松で、鉄工所を一家でやりたい」

その夢は戦争とその後の混乱でかなわなかった。山下は、兄弟にとってトヨタが第二の故郷だ、と思う。

そばにいてほしい、と思う時、夫はいつもトヨタにいた、と妻の信恵は言う。

「働かす、働かす。そりゃあ厳しい。奴隷《どれい》化だったね」

五十五歳の定年になって、ようやく会社から取り戻したその夫は、「ひでえ会社だが誇りだな」と、白いあごひげを揺らして笑った。

「大会社で面倒見がよかった。ダムに沈んだ一家の生計を一手に引き受けてくれたのだから」

〝一族結束〟の父の夢は、トヨタがかなえてくれたのだ。

どんなに自宅が近くても、技能者養成所では最初の一年間は入寮と決められていた。

「共同生活でチームワークを学ばせようとしたんじゃないか」

と中村信男は言う。大量生産には、職人肌の職工よりも、集団の枠になじんだ工員が必要だった。

戦争の影が濃くなっていた。舎監は軍刀を腰にぶら下げた軍人である。

「朝六時だったか、起床点呼に間に合わないと、刀を抜いて、『これがわからぬか』と顔に近づけるんだよ」

岡田栄次が振り返る。朝食前は、舎監が張り上げる号令に合わせての、体操が日課だった。

だが、厳格な生活にも、明るさはあった。

板倉は、裏庭でバレーボールをした時のいたずらを覚えている。男子棟と女子棟の間には高い塀があって、普通は互いの棟には入れない。

「わざと高くボールを上げて、向こう側に入れちゃうんですよ。舎監室にもそう言えば入れましたから」

みんな思春期を迎えたばかりだった。

食事は、朝八銭、昼十三銭、夜十三銭。日給が六十五銭だから、余った金はささやかな楽しみに使った。

一個五銭の大福を買っておき、夜中の十二時に起きて、みんなで食べるという遊びがあった。疲れて眠り込んでしまえば、起きた者の分け前が多くなる。

佐野三雄は、部屋の仲間とあみだくじをして、あんこを小麦粉の皮で巻いた「あん巻き」を買いに行くのが楽しみだった。竹垣をぐいと広げ、穴から抜け出て、店に走る。

「舎監に見つかったことはなかったね。始終腹をすかせていた我々を見逃してくれたのかな」

喧嘩《けんか》もしたが、一期生はみんな仲が良く、次々と現場の管理職に引き上げられた。寮の共同生活で培《つちか》われた絆《きずな》が、巨大企業の屋台骨を支えていった。

現場支え「階段」上る

「トヨタ自動車には、尋常高等小卒は、部長になれない規定がある。しかし、岡田君の給料は部長と変わらないよ」

岡田三兄弟の長兄・岡田栄次は、役員からこう言われ、養成工一期生では初めて、部長級に抜擢《ばってき》された。入社から四十三年目、一九八一年のことである。田原工場第一製造部の部長代理だった。

岡田の入社は、父・鐘一の意向だった。岡田は自動車でなく、飛行機に憧れを抱いていた。

尋常高等小学校の卒業を控えた三八年夏、夕飯を食べながら、鐘一に相談した。

「大江の三菱《みつびし》に行きたい」

名古屋市港区大江町で飛行機を製造していた三菱重工は当時の花形で、愛知時計など並んで人気企業だった。鐘一は首を振った。

「兄が死んで、二男のお前が家を束ねる長男だ。近くのトヨタに入って、兄弟の面倒を見ないかん」

強い口調で命じた。家からは、完成間近いトヨタ挙母工場が見えた。

しかし、飛行機に未練があった岡田は、トヨタ以外に三菱重工など二社の試験を内証で受けた。すべて合格した。通知を見せると、鐘一はにこっとして、聞いた。

「それで、お前、どうするんだ」

「おとっつぁんの言う通り、トヨタへ行く」

父親は絶対だった。鐘一の顔はますますほころんだ。

ボディー担当になった岡田の仕事は、トラックの角のひずみをハンマーでたたいて取る板金だった。やり方がまずいと、先輩から頭にハンマーが振り下ろされた。はさみで鉄板を切る手には血豆ができた。つぶれてはまたでき、血豆の数だけ仕事を覚えた。

五一年、岡田は生産現場の代表として、米国・カリフォルニア州から取材に来た新聞記者のインタビューを受け、大風呂敷《おおぶろしき》を広げた。

「日本人を見ていて下さい。今履いている下駄《げた》をすべて自動車に変えてみせます」

地球上にトヨタの車をばらまき、喜んでもらいたい、とも付け加えた。本格的な国産乗用車クラウンの開発に着手する前年である。驚く記者の顔を、今でもよく覚えている。

同じ工員でも、先輩や町工場などから集められたりした者に比べて、養成工は出世が早かった。中でも一期生は「会社に大事にされている」という意識が強く、それが現場で出世の階段を上るにつれて、強い忠誠心を生み出していった。愛知県岡崎市のアパートで暮らす成瀬兼吉が淡々と語る。

「一期の養成工として、我々は失敗とか恥ずかしいことはしてはならん、という気持ちがいつもあった。笑われないようにしないとね。会社も、普通なら十年で組長になるところを七、八年であげてくれたり、優遇してくれたりしたよな。頼りにされてるから、こっちも真面目《まじめ》に頑張らんといかんと思っていた」

岡田の次弟・昭二も養成工である。四期生となり、トラックの組み立て工場に勤めた。末弟の啓示は九期生。鋳物《いもの》工場に配属された。三人が家で顔をそろえると、食事も忘れ、車のことで議論をした。

生産現場では、七、八人を束ねる班長、次いで三、四班を受け持つ組長へと昇進する。三つほどの組を統括するのが工長で、部下を約八十人抱える係長級の現場責任者である。

三十歳代前半の組長時代、岡田はオーストラリアに出張し、工長時代には労組の副委員長を二期務めた。

六六年九月から生産が始まったカローラは、発売四年目で大衆車市場のトップに立ち、七年目には累計《るいけい》生産台数で百万台を突破した。独走だった。在庫が品薄になり、高岡工場でボディー課長になっていた岡田は、生産のスピードアップを求められた。当時は一分に一台のカローラが誕生していた。これを短縮せよ、という要請である。ラインのスピードを上げるだけでは、コーナーで車が飛び出してしまう。ラインの歯車に改良を加え、十三秒の短縮を実現した。協力会社との徹夜作業だった。

当時の副社長・斎藤尚一から、「栄坊がやったのか」と声をかけてもらったことが忘れられない。

生産現場を支えた一期生の多くが、工長で定年を迎えた。初の部長代理となった岡田は、その後、系列会社アラコ(現・トヨタ紡織)の工場長も務めた。

戦争特需

高まる軍靴《ぐんか》の響き

トヨタの挙母《ころも》工場が完成したのは、首相の近衛文麿《このえふみまろ》が「日本の（日中）戦争目的は東亜の新秩序建設にある」と声明を出した一九三八年十一月三日のことである。国家総動員法が施行され、経済や国民生活は統制下に置かれていた。

中国大陸では、前年七月の盧溝橋《ろこうきょう》事件を契機に日中戦争が始まり、十二月には日本軍が南京《ナンキン》を占領していた。

戦争特需にトヨタは救われた。軍靴の響きが高まる中で、トヨタ、日産という二大メーカーは育ったのだった。

特にトヨタは当時、売れないトラックを大量に抱えていた。景気が落ち込んでいたうえ、よく故障したのである。このままではつぶれかねないという時に日中戦争は起き、猛烈な増産を促した。

豊田自動織機製作所の中に「自動車部」が設けられた三三年九月をトヨタの起点とすると、三年目の三五年末まで、喜一郎が生産したのは二十台のトラックだけだった。ところが、「二・二六事件」が起きた翌三六年には千百四十二台（うち乗用車は百台）、日中戦争が始まる三七年はその約四倍の四千十三台（同五百七十七台）を作っている。

さらに、第二次世界大戦が勃発《ぼっぱつ》した三九年から太平洋戦争二年目の四二年までは毎年一万五千台から一万六千台を超す車を生産し続けた。そのほとんどが軍用のトラックである。乗用車は、三八年から商工省通達で製造自体が原則として禁止されていた。三八年は、ナチスドイツの下で、フォルクスワーゲン社が国民車「ビートル」を発表した年でもあった。

トヨタが、戦争特需で救われたのはこれだけではない。ドッジ不況を契機に、トヨタの人員整理と大争議が始まり、千六百人の希望退職や蒲田《かまた》・芝浦工場の閉鎖を含む会社再建案を発表したその二ヶ月後の五〇年六月、朝鮮戦争が勃発した。

今度は米軍からトラックの注文が殺到した。五〇年七月の第一次特需で千台、翌月の第二次は二千三百二十九台、五一年三月の第三次特需で千三百五十台の合計四千六百七十九台、金額は約三十六億円にも上った。自動車業界全体でも一万二百八十台、約八十二億円をもたらした特需だったが、その半分近くをトヨタが占めていた。

戦争は、暗く大きな渦の中に人々を巻き込んでいく。日中戦争と太平洋戦争のさなかに生きた一期生たちもまた、無縁ではありえなかった。

中村信男はまだ養成所に入校する前で、愛知県岡崎市内の高等小学校の生徒だった。岡崎では南京占領を祝う提灯《ちようちん》行列があり、そのうねりの中で中村はバンザイを繰り返した。

杉浦美代市は四一年十二月八日、名古屋市東区大曽根《おおぞね》町にある機械工場で開かれた技能大会に出場した。養成工の中から選ばれ、トヨタの代表三人の一人として派遣されたのだ。大会では与えられた図面通りに、金属に穴をうがち、その精度を競った。

杉浦はこの時の成績を覚えていない。夜になって、連合艦隊による真珠湾攻撃を知らされ、記憶が飛んでしまった。

「こりゃ、大変なことになった。トラックの生産ラインがますます忙しくなるな」

トヨタ製のトラックは戦線の重要な足である。生活が一変するかもしれないという思いに、杉浦はとらわれていた。

養成所でも、体操の時間の大半は軍事教練となった。将校が常駐し、大きな号令が響き、隊列や銃剣術の訓練が繰り返された。竹槍《たけやり》を持っての突撃訓練もあった。

「戦時色が濃くなるにつれ、兵隊も工場へ来て、号令をかけながら仕事をしていた」と杉浦は語る。挙母の町の芸者衆まで勤労動員で駆り出され、工場で働いていた。まだ二十歳に満たない養成工たちにとって、きれいどころと一緒の職場は気恥ずかしく、胸躍ることでもあった。

戦争と言われて、板倉鉦二が思い出すのは、陸軍の要請で開発に取り組んだ水陸両用車のことである。

こんなんで戦えるのか、と半信半疑のままでの製作だった。工場内の特設プールや近くを流れる矢作《やはぎ》川で試験をした。水漏れを防止するのに懸命だった。しかし、車と船では、そもそも溶接の仕方からして違う。四三年から四四年にかけ約二百台を軍に納入したが、案の定、レイテ湾かどこかで全部沈んだと聞かされた。

板金工となった佐野三雄は四四年、トヨタから名古屋市内の軍需工場に派遣された。双発の重爆撃機「呑龍《どんりゅう》」のエンジンの排気管製作を指導するためだった、と記憶している。工場にいたのは、ほとんどが女性だった。

「養成所を出て三年ぐらいたって、仕事が面白くなりかけたころだった。板金で私が作った部品を女子が溶接するんだが、きれいにできた部品でないと溶接しにくいもんだから、私の作ったものを女子工員が奪うようにして持っていく。嬉《うれ》しかったな」

兵役免除

四五年六月、挙母工場は、「護国第二十工場」と改名された。刈谷《かりや》工場は「護国第二十四工場」である。前年の一月には、トヨタは軍の統制下に入る軍需会社に指定されている。改名はスパイ対策とされ、全国の軍需工場が対象となった。

軍需工場となったおかげで兵役を免れた一期生がいる。徴兵検査で甲種合格の板倉もその一人だった。

四五年四月に松江の航空隊に入隊することになったが、軍需工場で働いている重要な人物は、工場に残れるよう申請できる制度があり、会社がやってくれたという。入隊は九月一日まで延び、八月十五日に終戦を迎えた。

一期生の大半は大正十三、十四年生まれで、徴兵検査を受けた最後の世代だった。佐野は徴兵検査を受けた際、「お前の腕は何じゃ」と尋ねられた。喜寿を過ぎた今になっても左右で腕の太さがまったく違うのである。この時は右腕の方が二回り以上太かったろうか。

「仕事でこうなりました」

誇らしく答えた。ハンマーで叩《たた》いて部品を造り上げる板金の佐野にとって、自慢の右腕だった。

徴兵検査に向かう前、佐野は人事部長から「これを渡せ」と、封筒を渡されている。それを読んだ徴兵官から、

「お前は兵隊に行きたくはないのか」と聞かれた。

「中身は知らなかった。どうやら、会社に必要な人間だから、兵隊に取らないでくれというようなことが書いてあったらしい。そうだと思うと、なんか、嬉しかったね」

それでも佐野は召集され、四五年二月に福岡県大刀洗《たちあらい》村（現・大刀洗町）の航空隊に入隊した。技術を見込まれての航技兵だった。飛行機の修理屋である。ただ、もう飛べる飛行機は無かった。

大刀洗では、入営して間もなく兵舎が爆撃を受け、必死に防空壕《ごう》に逃げ込んだ。四ヶ月ほどして、今度は鳥取県米子《よなご》市の航空隊に転属となった。やはり飛行機はなく、穴掘りが仕事だった。ここでも九死に一生を得る体験をした。田んぼ道を行軍中に米軍の艦載機グラマンが飛来し、機銃掃射してきたのだ。コウリャン畑に飛び込んで身を隠して助かった。

佐野と違って、成瀬兼吉は、あの封筒の効果があってか、兵役を免れた。

封筒は人事部長に呼ばれて手渡された。軍隊に行かずにすむようにということが書いてあると知って、少し感激した。会社が評価してくれたからだと受け取ったからだ。

「あの頃は、みんなお国のために戦うという気持ちにはなっていた。とは言っても、やはり嬉しかった。言ってみれば、兵役免除のようなもの。特別扱いだ。努力したかいがあったと思った。だから、銃後の職場を守ろうと一生懸命働いたよ」

新実康一は、渡された封筒を破り捨てて徴兵検査を受け、召集された。浜松や岐阜県の各務原《かかみはら》を経て、茨城県の陸軍飛行場に配属されたが、やはり飛行機は一機もなかった。

晴れがましい技能大会の日が太平洋戦争の開戦だった杉浦は、後に船舶工兵となり、中国大陸に渡った。上海《シャンハイ》に近い蘇州《そしゅう》では、ボートに爆雷を積んで敵艦に突っ込む特攻の訓練を重ねた。

家を継ぐ心配のない三男ということで選ばれたらしい。晴れがましさと、しょうがないというあきらめが同居した不思議な感慨に包まれた。幸い出撃の機会の無いまま終戦を迎えた。

挙母工場が空襲を受けたのは、終戦前日の八月十四日だった。トヨタの「20年史」にはこうある。

〈午後二時ごろ、挙母の上空に現れた三機のB29が、超大型爆弾を投下した。一個は前山社宅付近、一個は矢作川沿い、そして一個は挙母工場に落ちた〉

工場内の落下地点は空き地だった。爆風で鋳物《いもの》工場の屋根が飛び、壁が崩れるなど当時の金額で約二百四十万円の被害が出た。従業員は疎開《そかい》工場に行っており、幸い死傷者はなかった。最近になって、三個の爆弾は、長崎に落とされた原子爆弾と同じ型、同じ重量の一万ポンド（四・五トン）もの超大型爆弾であったことが判明した。

それまでの大型爆弾といえば一トン級爆弾だった。一万ポンド爆弾はB29でも一個しか積めず、広島、長崎に原爆を投下した米軍の特別部隊「五〇九混成群団」に所属した十五機のB29だけが搭載できた。

七月二十日から八月十四日まで、広島、長崎を挟んで約五十個が日本各地に投下されている。それらは、少数機による日本上空への侵入、投下後の急反転による離脱といった共通点があり、原爆投下の技量を磨く訓練を兼ねながら、新型の通常爆弾としての性能確認を目的としていた。

終戦直後、米軍は爆弾の効果を調べるため、調査団を挙母に送り込んできた。当時、取締役として応対した豊田英二は背筋が寒くなったという。

この時は投下された爆弾が、模擬原爆とでも言うべきものだったことは知らされていない。しかし、調査団の携えていた爆撃プランでは、一週間後に工場を本格空襲することになっていたからである。

とにかく工場は残ったが、多くの一期生が兵役を機にトヨタを去った。生きて帰ると思っていないから、退職を選んだのである。そうすることで、銃後に残す家族に退職金を渡すことができた。

これに対して、中村は入隊時に休職扱いにしてもらった。一度にお金をもらうより、少ないけれど、毎月、家族に給料を送ってもらおう、と考えた。それが幸いして、南京から復員してすぐに復職できた。

しかし、GHQ（連合国軍総司令部）の命令で自動車は造れず、仕事はなかった。毎日、掃除ばかりしたり、将棋を指していたりした仲間もいた。資材を流用してアルミのナベやカマも作った。中村は笑いながら語る。

「自動車屋さんなもんで、ナベが漏れるだわ」

その後、オート三輪が主役の時代に小型トラックを造ったら売れに売れ、ようやくその部品づくりの仕事で忙しくなったと、杉浦は嬉しそうに話している。

かんばん方式

「余分に作るな」「在庫は持つな」

チャップリンのような口ひげがあった。工場長のそのひげがピクピクしだすと、危険信号だった。次には青筋を立てて怒り出すのである。

腕に自信があった一期生たちも、工場長の大野耐一が現場に来るだけでびくついていた。

大野は戦時中、豊田紡織からトヨタに引っ張られた。生産管理技術一筋の男である。一九四九年には挙母《ころも》工場の機械工場長となった。

「そこらじゅうに爆弾を落としていく」

新実康一にとっては、大野はそんな存在だった。

言ったことが一週間たっても出来ていないと、顔を真っ赤にして「何だあ」と怒りだし、「現場はますますびびってしまった」と杉浦美代市は言う。材料をバーンと床に放り投げることもあった。

世に知られるトヨタの「かんばん方式」は、現場を知り尽くした大野の洞察力と、その怒鳴り声から生まれた。「必要なものを必要な時に、必要なだけ作って運ぶ」という言葉と、在庫をゼロにして、極限まで合理化を追求する生産方式は、その後のトヨタの飛躍を支え、大野は七五年に副社長となった。

二枚の辞令がある。中村信男が大切に保存してきた。一枚は五〇年七月一日付。中村は一期生で最初の班長となった。大野が「組長」の下に独自につくった職制のため、「機械工場長」だった大野名義の辞令である。戦後の混乱がほぼ収まり、従業員が増加してきており、それまで現場の最小単位のまとめ役だった組長の下に、より木目の細かい職制が必要だと考えたからだった。

会社がこの制度を後追いし、中村は三年後の五三年六月一日付で、今度は会社名の辞令を受けた。現場部門は、何より大野の陣頭指揮で動いた。

その大野が翌五四年から、機械工場の一部で、「かんばん方式」の試行を始めた。足回りの生産を受け持つ第三機械課が対象だった。まだ、「かんばん」という言葉は使われていない。大野は言った。

「手持ちの部品が多い」「余分に作るな」「在庫は持つな」

現場では当初、その意味が分からなかった。それまでのラインはベルトコンベヤー式ではなく滑り台式だった。部品を加工すると、この滑り台に乗せて次の工程に送る。だから、仕事ができる人間はどんどん作業を進め、次へと流した。部品が淀《よど》めば、片付くまでは一時間でも二時間でも休んでいてもいい。能力ある者の特典だった。

大野は「作り過ぎ、それは無駄だ」と断言した。滞留した部品を置くスペースが必要になるからだ。それでも、余分に作っておかないと、安心できない。作り貯《だ》めして隠しておくと、目ざとく見つけた大野が床に放り投げた。

後に大野は、この「かんばん方式」について、あちこちから求められて講演をした。口下手だったが、「トヨタ生産方式というのは、非常に簡単なことなんで、いるものをいるだけ作って、売っていけばこれが一番儲《もう》かるんだ」と熱く語りかけた。こんな講演テープが残っている。

〈一般の企業では、計算走るというんですか、特に日本人は計算が得意だから、「これはどうせ売れるんだから作っておけ。今月売れんでも来月になれば売れるだろう」とか、あるいは非常に高価な、高性能な機械を買うと、それでたくさんつくるのが、一番安上がりだ、と勘違いされるトップが多いのではないか。これが大きな間違いなんだ。

千個しか売れないんだったら、千個しか作らないのが一番安いんだけれども、計算すると千二百作ったほうが安くなる。それじゃあ売れんようになった二百個というのをどうするか。

「倉庫に入れておけばいい」「来月に売れるかもしれない」「あるいはまたその次に売れるかもしれない」ということで、安くできるから作っておいたほうがいいんだ、機械はフルに使ったほうが償却負担も軽くなるし、原価も安くなる、と考えておられる〉

〈千二百作ると、会社が儲かるのか儲からんのか。確かに計算上の原価は千個作るより人件費を二割安くできる。ただこれは計算上のことだけで、余分に作ったやつを倉庫に入れておくと、現場では安く作ったつもりのものがどんどん高くなる。

例えば今月、これだけ材料代を材料屋さんに払わねばならない、現場が二割余分に作るから二割余分に材料も買わなならん。そうすると、材料屋への支払いも二割高くなり、現場の人も一生懸命やったんだからと、残業までしてやったとすると残業賃も払わなならん。たくさん作れば会社が儲かるだろうと、売れもせんものをつくられたんじゃあ、給料もたくさん払わなならん。賞与もたくさん出さんならんかもしれん。会社はどんどん貧乏していくんだ。これが、いるだけ作ってくれれば、材料屋さんへも売れただけ払えばいいし、従業員にもそれだけ払えばいい〉

〈この前も関東の経営者十人くらいが、「トヨタさんでは機械をとめて、平気でおれる。われわれの会社は小さいから機械をとめるなんてことは、とてもできません」と言う。

「できんのなら、それをつくってどうするんだ」と聞くと、「出来すぎた分、倉庫に入れておく」と言う。計算の上では一個当たり安くできたと思っているんだけれども、倉庫へ入れている間にどれだけ高くなっているか。安くなる要素はひとつもないんじゃないだろうか。

これがまあ一番の問題で、「トヨタは金があるから贅沢《ぜいたく》な機械を買って、稼働率《かどうりつ》六〇%でも後の四〇%は止めておくんだ」といわれるんですが、これは金があるからじゃなくて、もうけたいからとめておくんだ〉

新方式はやがて中村のいる第二機械課にも広がってきた。変速機などの製造部門である。大野は口で説明することは苦手だった。うまくもなかった。ともかく「言ったことと違う」と怒鳴るのである。現場はますます分からなくなりあたふたした。大野が来ると、見ないふりをして逃げてしまう現場の責任者もいた。しかたがなく、中村が後ろについて歩いた。

重役用の車に乗せられ、別の工場に連れていかれることもあった。効率的な生産ラインを前に、大野は言った。

「どうだ、ここの工場の使い方はうまいだろう」

口の下手なことは本人も分かっているから、現物を見せて学ばせようとした。もっとも、それは広い工場の隅々まで知っている大野だからできることだ。中村も「尊敬半分、怖いの半分」だった。

中村は大野にしごかれ、生産工程の改善に努めたお陰で、特許を八件、実用新案を四件取得した。十年間、会社から特許使用料などをもらえたが、年間二万円程度でも嬉《うれ》しくて仕方がなかった。

「機械は止まるようにしろ」

「かんばん方式は、米国のスーパーマーケットから思いついた」

大野はよくそう語ってみせた。客は必要なだけ購入し、店員は売れた分だけ補充していく。これをやると、余分な建物がいらない、金がかからない。余分とは要するに金を寝かせておくようなものなのだ。

創業者の豊田喜一郎が目標として掲げた「ジャスト・イン・タイム」と共通するものを、大野は見て取っている。社内でも、この生産方式を当初は「スーパーマーケット方式」と名付けていた。現場にも少しずつイメージが定着していった。

花井十四三は「機械は、まず止まるようにしろ」との大野の言葉を覚えている。記憶がいいからではない。そればかり言われたからだ。

それまでは、機械が止まったら大変だと必死に保守点検してきた。あるいはラインの流れが悪くなると、作り貯めをしておいたものを流しておけば、その間にラインを立て直すことができた。大野が言うことは正反対だった。

大野としては、旋盤などの機械を、これまでの一人に一台から多数台の担当にしていこうとしていた。機械が不良品を産み出したら、自動的に止まるか、現場の判断で止めた方がロスは少なくなるのだ。人の要素が入った自動化を、大野は「ニンベンのついた自動化」と強調した。

不良品を産み出すラインにはどこか不具合があるはずだ。それを無理して動かしていれば、不具合の発見が遅れてしまうからでもあった。

塚本静男は生産部門の係長にあたる工長時代に、部品の余分な在庫を見つけられ、大野に絞られたことがある。大野は床にチョークで丸を書き、そこに立っていろという。沢庵和尚《たくあんおしょう》に叱《しか》られる宮本武蔵《むさし》のようでもあった。しかし、何のために立たされているのか、皆目、見当がつかなかった。

ラインの全体を眺め、自分の段取りに無駄は無かったか、改善点はないか考えろということだと、後日、気づいた。大野はいつも、口では説明しなかった。

同じ事は杉浦美代市もやられている。チョークの丸の中に立ち、杉浦は、一歩離れて仕事を見てみろの意味だと思った。

しかし、大野を怖くなかったという一期生もいる。板倉鉦二である。板倉は社内の弓道部にいたが、部長が大野だった。トヨタが県内の大会で優勝すると、大野の自宅で祝杯をあげたものだった。確かに仕事では、作業の一つ一つに厳しい視線を向けたが、プライベートの顔は全然違うことを知っていたからでもある。ゴルフ好きの気さくな大野には、重役という感じはしなかった。

かんばん方式は、一九六三年には全工場へと広がった。工場の部品箱一つ一つに、部品名、数量、使用場所、納入日時などを記載したカードが付けられた。部品を一つ使うとこの「かんばん」を外し、組み立て工場の作業員が定期的にこれを回収して部品工場や下請けに届ける。そこで「かんばん」に書かれた数の部品を作って、作り過ぎの無駄や在庫スペースをなくすのである。ただ、この方式を取り入れるためには、生産工程の徹底的な管理と販売量の確かな予測が必要だった。鉛筆書きの事例集が集められ、マニュアルとしてまとまり、活字になるまでに、さらに十年かかった。

花井たちは大野のことを「大神様」と言う。神様よりも偉い存在なのである。戸惑いながらも、一期生たちは、大神様の言葉を現場に定着させていった。七三年二月にまとめられた冊子『トヨタ式生産システム』には、こうある。

〈「かんばん方式」は、生産現場の知恵の結晶である〉

「夫は会社にあげた」

「おとうさんは会社が好きだ」

「おとうさんはトヨタにあげた人だから」と言って、妻はほほ笑んでいた。あの顔はいつまでも忘れない。

機械工だった神谷尚武が、一つ年上の畔上サツと結婚したのは、終戦から四年目、一九四八年のことである。

中国から復員して戻った愛知県挙母《ころも》町の挙母工場に、サツを見つけた。新潟県山古志村（現・長岡市）から出稼ぎに来ていたのだった。てきぱきと仕事をしていて、いいなあ、と思っていた。入社十年目の神谷はいつも腹をすかしていた。身を固めたいと思ったとき、気の強そうな瞳《ひとみ》が思い浮かんだ。求婚し、二月の大雪の日に実家へもらいに行った。

生き抜くだけで精一杯の時代だ。結婚式もなかった。農家の離れを借り、七輪で煮《に》炊《た》きした。一年後、八畳二間の社宅に引っ越すと、両親が転がり込んできた。

神谷は八人兄弟の二男である。父は最後に愛知県安城市に居を構えたが、長男を亡《な》くし、両親の面倒は養成工一期生の神谷がみなければならなかった。実際には、サツが二人の子供とともに世話をしたのである。

トヨタは五四年から、工場の一部で「かんばん方式」を導入している。

「どうすれば工場の無駄をなくすか、現場が知恵を働かすことだったね。みな難儀なことだったけどしかたない」

四十二歳で工長の職に就き八十人近くを率いた。朝六時半のバスで会社に向かい、最終便で帰る生活が続いた。オヤジさん、と部下に呼ばれ、工場の大久保彦左衛門《おおくぼひこざえもん》だ、と持ち上げられるのも、仕事ができるからだと信じていた。

日曜日はたばこをふかし、テレビばかり見ていた。どこかに家族を連れて行ったという思い出はない。実家に帰省するのが妻の旅行だった。心から妻がうれしそうだったのは、結婚から二十年目に会社の持ち家制度で、豊田市内に家を建てたことだ。

「願いが叶《かな》ったよ」と笑った。

それは、この日本のどこにでもあった風景だった。そうした会社人間の夫とつつましやかな妻たちによって、繁栄は支えられてきた。

一期生の一人で、本社機械部第三機械課に所属していた杉浦芳治の三女・久美子は、父の背中を見ながら、こんな作文を書いた。

私のおとうさんはやせている
私のおかあさんは小さい
二人はとても仲がよい
私のおとうさんはまあじゃんが好きだ
ときどき歌を歌うが
とてもおんちで聞かれない
私のおとうさんは会社が好きだ
朝、頭がいたくても腰がいたくても
会社へ行くとなおってしまう

私のおとうさんはトヨタで
小さい時から働いているが
外のことでもよく知っている

山下信恵によると、夫の元良は伊勢湾《いせわん》台風の時でも、ラインが心配だからと会社へ出掛けた。雨戸がない家だったから、残された妻と娘二人は畳を上げ、一晩中、窓を押さえた。妻が乳腺炎《にゅうせんえん》の高熱で苦しんでいても、出産でも、洪水でも、時間になると、夫は会社へ行った。

夜中に機械が壊れると、呼び出された。機械を使う側だから、直すことなどできないのがお互いに分かっている。しかし、「わかっとるくせに、起きれんかっただな」と嫌味を言われるのがいやで、家を飛びだした。

「そういう時代の人たちは夫を含めて、みんな礎《いしずえ》だったと思いますね。そんな下積みの努力って言うんですか、そんな無名の、この時代の人たちの下積みが、トヨタや今の日本を作ってきたんだろうと思いますけどね」

信恵はそう信じている。徐々に家具や荷物を処分していって、今は夫婦二人、必要最小限の調度品だけのアパートで生きている。

「これまでによかったことは？」

と尋ねたら、元良は「奥さんをもらったことが一番よかった。安心して働けるでしょ」と、照れ笑いを浮かべた。

神谷の長男は、「トヨタには行きたくない」と言って、自動車部品会社に勤めた。父の残業人生と、母の寂しさを見ていたからだろう。

サツの糖尿病が悪化したのは、五十五歳の定年間《ま》際《ぎわ》のことだった。やがて目が見えなくなった。入院中は寝袋を病院に持ち込んで通勤した。

これから先は、妻が喜びとしたこの家で、看病と両親の介護のために生きよう、と神谷は決めた。そばにいてやりたかった。低カロリー食を作り、掃除や洗濯をし、病院へ手を引いて行った。しかし、三十八年間勤め上げた二ヶ月後に、妻は腎臓《じんぞう》病を併発した。以来、十三年間、妻は病気と闘い、両親に続いて逝《い》った。

よその家がどれだけうらやましかったろう。だが妻は、トヨタで育ちトヨタで終わった平凡な自分に寄り添ってくれた。

今、カラオケや旅を楽しむことができるのは、彼女のおかげだ。神谷は花屋に毎週一回、花を届けさせ、仏壇に供えている。

無駄排除　足の運びまで

若いころの山下元良には、週に一度、ふろにつかりながらの仕事があった。手のひらに食い込んだ鉄くずを、一つずつ取っていくのだ。

鉄くずは、車軸を削る折に刺さった。最初のうちは血が出たが、そのうち足の裏のように分厚くなって、今度は、取るのが大変になった。だからふろで、十分に手をふやかすのである。戦後しばらくしてゴム手袋が登場し、ようやく解放された。

そのころの職場には、機械に手を挟まれ、指のない先輩たちもいた。仕事をやっているのだという〈職場の勲章〉ともされたが、そんな労災があって初めて、安全装置が一つずつ増えていった。トヨタにもそんな時代があった。

「指が一本吹っ飛べば、その時、反省が働く。安全装置が一つ一つできる。指一本が次の世代に長く続く安全をつくった」

と山下は言う。

一九六〇年前後、自動車需要の増大に対応して生産設備の近代化が進む中で、労働の質自体も大きく変貌《へんぼう》していった。機械が入れ替わっただけでなく、大野耐一による

「かんばん方式」の導入で、意識も変わろうとしていた。
現場の人間にとって、はっきりしていたのは、生産ラインから人が減っていったこ
とだ。
以前の機械は操作に熟練が必要で、一台に一人が張り付いた。徐々に、一人でこな
す機械、作業の数が増えた。

「わしは十数台を一人で持ったこともある」

と、花井十四三は言う。給料は一人分だから、そんなばかなことがあるかと、現場
から不満が出たこともあった。

最適で無駄のない作業と人員配置を達成するために、工程を見直し、機械の配置が
変えられた。

杉浦美代市は、機械の間を動いて作業をするのに、右利《き》きの人間は、右回りがいい
か、左回りがいいか、ストップウオッチを持って計った。杉浦芳治もやはりストップ
ウオッチを片手に、歩く方向から、足の運び方、手の位置に至るまで無駄を徹底的に
省いて、最適な手順を探った、という。

部品を組み立てる一つの工程に二分かかるとする。三秒短縮できれば、一日で約二
十分の短縮につながり、生産性が向上する。大野は、このような「科学的な分析」を

求めた。それがないと、人は納得しないからだという。

作業は単調、単純化されていった。しかし、工程の中に新たな無駄を見つけ、改善につなげれば表彰された。

「その達成感が、ラインの中の人間性回復の部分だった」

と杉浦芳治は言う。

「トヨタには職人はいらんのだ」と言われた一期生がいる。技能にあぐらをかくような古い職工は必要とされていなかった。花井は、同僚から自虐《じぎゃく》的な言葉を聞かされている。

「トヨタで絞られたから、定年後は三年持てばいい」

花井は今も健康だが、三人の子供はトヨタとは無関係の仕事に就いた。

「きつい仕事に、不規則な勤務ぶりを見ていたからね」

子供たちが、定年後の花井に買ってくれた車は日産車だった。

俺たちが社史だ

「BC戦争」制した気概

国内で最初に本格的な自動車製造に取り組んだのは日産自動車である。

トヨタ自動車より四年早く、一九三三年に「自動車製造株式会社」(資本金一千万円)として創業した。横浜市神奈川区守屋町の横浜工場を本社とし、大量生産方式を導入して国内の自動車業界を引っ張った。トヨタが日産と肩を並べるようになったのは、戦後の労働争議を経て、五〇年からの朝鮮戦争特需で、息を吹き返したころからだ。

「敵は日産。負けるもんかとやっていた」と、杉山正明が言う。トヨタ一社だけに絞って入った。

入社の理由は、車の排気臭が好きだったからだ。自宅の前の坂道を米国のトラックが上ってくると、じっと見ていた少年だった。四六年には運転免許を取得した。一期生の中でも根っからの車好きだった。

「会社で（日産の）ダットサンを見かけると、社外の人のであれ、傷つけかねないほどだった」

工場で使う機械を造る工機工場にいた野田孝夫も、当時の社内の雰囲気を語っている。

ダットサンは日産が出していた乗用車である。日産に追いつけ、追い越せのムードは高まりを見せていた。

現場の組長としてミッションを担当していた杉浦美代市は、技術者に何度も食ってかかった。

「なんでこんなひどい設計をするんだ」

五七年から生産が始まったコロナのことである。エンジンの騒音が大きく、フロントガラスやドアがはずれるなどというわさも耳にした。

〈なべ底不況〉を脱した五〇年代後半から、国内の小型タクシー市場は急成長を見せる。トヨタはコロナ、日産はダットサンを投入した。ところが、タクシーとして使われたコロナは、走行距離が一万キロメートルを超えると一日にオイルを一リットルも消費し、二万～三万キロメートルも走るとエンジンボーリングをしなければならなかった。苦情が殺到した。

養成工一期生で、日本電装（現・デンソー）に移っていた田中敏男にも覚えがある。日産が外国の技術をどんどん取り入れ、ダットサンを出していたころ、トヨタは故障が多いと、よくクレームがついた。

トヨタは、コロナの生産が始まる二年前の五五年からクラウンを発売していた。本格的乗用車で、「これからは外車は不要だ」と言われた。売れ行きが好調で、その年、乗用車市場で首位を奪った。

しかし、五九年八月、日産が発売した、「ダットサン・ブルーバード」が圧倒的な人気を集める。

〈操縦性・耐久性・スタイルなど、あらゆる面から検討を加えた〉（「日産自動車50年史」）という日産の新型車は、その年、半年足らずで一万三百二十一台の販売を記録すると、翌六〇年は三万三千七百八台に伸ばした。

一方、同じクラスのコロナは、五九年に三千四百八十七台。六〇年は一万三千六百七十二台で、ブルーバードに一気に引き離された。日産は、ブルーバードの急伸によって、六〇年、乗用車市場のトップに返り咲く。

ブルーバードと、コロナが販売台数を競う「BC戦争」の始まりだった。杉浦は悔しくてならなかった。

杉浦は、日産車を分解したことがある。隅々に、品質はいいが、値段も張る素材や部品が使われていた。肝心な所を除いて、あとは安い部品にしても、同じ性能は確保できると思った。「いいものを安く作れ」は、社長の石田退三の方針でもあった。

トヨタには、全社員で品質管理の徹底と改善を進める創意工夫提案制度がある。五一年に制定され、二年後、社員から募集して決めた標語「よい品よい考《かんがえ》」の看板が工場にぶら下がった。社員のアイデアや要望を改善に生かす取り組みが、定着していくころでもあった。

「設計者と現場のコミュニケーションというか、ふれあいがうまくいっておったんじゃないかな。よく話を聞いてもらえた」と佐野三雄は言う。大学を出たばかりの技術者らはよく現場で実習していた。

設計者にかみついた杉浦も、一期生の親睦会《しんぼくかい》「一養会」の総会で、岡田栄次が、「クラウンのシャシーにH型鋼を入れた方がいい」と、部材の変更を提案し、会社に取り上げられたことを覚えている。

トヨタは、社員の声を吸い上げ、コロナに改良を加えていく。六一年、トヨタは新大衆車パブリカの生産を始めた。大衆車時代に突入しようとしていた。

「あの時にいろんなことを言ってよかった。本格的な改良につながったのだから」

杉浦はそう思う。

六四年十一月三十日の「トヨタ養成工だより」にこんなニュースが載った。

〈注目のコロナも九月度の四千三百八十七台に対して五千九百四十台と伸びている。ブルーバードは九月の八千八百七十八台から六千六百二十三台と落ちている。今一息でブルーバードを抜きそうである〉

コロナがブルーバードを抜いたのは、東京オリンピックが開催された翌年の六五年だった。年間登録台数は十万二千三百九十九台に達し、単一車種として初めて大台に乗せた。一万五千六百七十八台の差をつけていた。

きつい仕事も、目標があったから頑張ることができたと、花井十四三は言う。

「日産というライバルがあってよかった」

「旗本」が生んだ労使協調

給料は遅れ、ストライキが起き、会社はぼろぼろの状態だった。トヨタ最大の危機として、今も語り継がれる一九五〇年の労働争議のことである。

会社を追いつめる共産党主導の労働組合に、現場では反発も生まれ、養成工を中心にした組織が誕生した。〝第二組合〟だった。

「もう時効だから言ってもいいと思うが……」

半世紀の沈黙を破って、一期生の塚本静男が証言する。愛知県蒲郡《がまごおり》町（現・蒲郡市）や岡崎市に会社側の「隠れ家」があった。この組織は、そこで会社の指示を仰いでいた。

「養成工はみんなと違う。トヨタの生え抜きで、会社を支えるのは我々だと思っていた」

あえて会社に寄り添ったわけを塚本はこう説明する。

元トヨタ自工労組委員長の梅村志郎は、この組織をよく覚えている。「再建同志会」という名前だった。労働組合法上の組合としての機能を備えていたわけではなく、あくまでも有志の集まりだった。

「会社の労務担当や養成工ら二十人ぐらいだった。周囲からは裏切り者のように見られていたが、争議後は会社の役に立ったのではないか」

労務担当者がこっそり、養成工だけを集め、「何とか鎮《しず》めさせる方向で考えてくれんか」と、頼んだこともあった。

会社も一期生を優遇してきた。最初の昇給では、六十五銭の日給に七銭の上積みがあった。ほかの工員たちの平均は五銭だった。

争議のさなか、会社は社員の約二割、千六百人の人員整理案を発表したが、板倉鉦二は「我々一期生が首を切られるはずはない」と自信を持っていた。職場の仲間から「お前らトヨタの旗本だからな」と皮肉を言われても、気後れすることはなかった。

「旗本のおれたちが会社を守らないで、だれが守るのか」

重役が現場を大切にしている様子も、会社への信頼感を高めた。

組長が「おーい飯だぞ」と声をかけると、「おーい」と返事をしながら車の下から出てきたのが油で汚れたつなぎ姿の社長・豊田喜一郎だった。板倉はそんな光景を見たことがある。喜一郎が、調子が悪くなった機械の前で大勢が議論しているところに通りかかった、という話が残っている。黙って袖《そで》をまくりあげた社長は、油の中に手を突っ込んで、底にたまっていた原因の削りかすをすくい上げ、周囲を驚かせたのだという。

重役だった豊田英二も、よく現場に一人でふらりと現れ、佐野三雄は、「こういう人が上におれば大丈夫だなと思っていた」という。何より、自分が育てられ、育てた会社への愛着があった。

「会社ができてすぐ入ったから、うちらがこの会社作ったんだという自負はあるね。それぞれの職場に何らかの遺産を残してきたという思いは、一期生みんなが持っていますよ」

と佐野は言う。

争議後、労務対策が会社の最重要課題となった。

工場から総務部に移った土井三吉は、総務部長の山本正男に声をかけられた。「かみそり」と呼ばれ、争議中は人員整理の事務局を担当した。組合の追及の矢面に立った男でもあった。

「土井君は養成工出身だったね。おれは現場は知らないんだが、現場を知らずして会社の建て直しはできない。何かいい方法はないか」

土井は一期生の仲間を引き合わせた。その後、一期生たちは、年に何度か、すしなどを用意した山本の自宅に招かれ、現場の思いを伝えた。

それが、五三年に一期生の親睦会組織「一養会」が生まれるきっかけだった。一養会のソフトボール大会では、山本が審判を務めた。

二期、三期生も同じような会を作り、五六年には、養成工全体の「豊養会」ができた。そう名付けたのは英二である。大卒者、自衛隊出身者など、いくつもの親睦会がそれに続き、役員らはまめに顔を出した。

「横のつながりを強めて、会社の旗の元に結束しようという狙《ねら》いでした」と、豊養会の組織作りに参加した野田孝夫は言う。それは会社側の狙いでもあった。その〝絆《きずな》の網〟については第五章で触れる。

労使協調路線を確立した山本は、「人事の神様」と言われ、副社長になった。その原点に一期生たちがいた。

「生産面でも団結面でも、一期生の影響は今も残っている」と、トヨタ自動車名誉会長の豊田章一郎は言う。

山本は、一期生の退職後も、特に気心の知れた五人と、「本養会」を作り、年に二度、名古屋市の自宅に招待して語り合った。山本と養成工の一字ずつを取ったこの会は、九九年に山本が八十七歳で亡《な》くなるまで続いた。

八十人率いる「神様」

トヨタ自動車の工場のそこここに「神様」がいた。約八十人を率いる「工長」、現場の係長である。

確かな腕と技を持ち、職場の仲間たちの心を掌握していた。「末は工長か、重役か」と言われるほどに現場では仰がれ、一期生の目標だった。

「実権を握っていて、人事も動くと言われていた。全部、工長がやっていた」

板倉鉦二たちは、入社早々、その力を実感した。都築定夫も「事務の課長なんかは、なんだこんなことも知らんのかと、いじめられていた。それくらい工長はいばっていた。神様なもんでね」と振り返る。

神様と呼ばれるのには、確固たる裏打ちがあった。現場はほとんどが手作業である。車のボディーは、今のようにプレスではなく、ハンマーで叩《たた》いて作っていた。長年の勘がものを言った。

「音によって持ち方がいいか、悪いか、先輩はすぐにピンときた」

と板金工だった佐野三雄は言う。眠たくなって、ボーとしていると、持ち方が悪くなる。バシャンとか、チンチンとか、たたく音が変わると、容赦はなかった。

「何やっとるだあっ」

岡田栄次も先輩からハンマーでよく頭を殴られたくちだ。

「板金なんて、勘がものをいう世界だから、理論なんてあるわけがない」

あの厳しかった時代を、板倉もよく覚えている。一枚の板をハンマーで打ち出すが、悪い音が鳴ると、ハンマーで頭をこつんとやられたから、まともな形をしている頭の者はいなかった。板金工は、〈腕と勘〉を磨き、腕一本で生きる職人になっていった。

工長を目指して、一期生たちは、養成所では教わらなかった現場の技を盗んだ。

豊田工機(現・ジェイテクト)で部品を削るフライス盤担当になった内海正二郎は、百分の一ミリぐらいは感覚でつかめるまでになった。

旋盤工だった新実康一は、いろいろと試した。ネジを切るのに、どんな機械を使うか。どんな歯車にするか、段取りはどうするか、自分で工具を考えたこともある。

厳しさばかりではなかった。冷房もない夏のことだった。洗い替えがなく、冬服を着て、汗をしたたらせる塚本静男に、組長が「少ないけど、これでシャツを買ってこい」と言って、ズボンのポケットに、現金を入れてくれた。まだ養成所に通っていたころである。

「ありがたくて、お守りに入れてずっと遣わなかった」

職場で、お金を出し合って、ズボン下とシャツを買ってくれたこともある。仕事を教えてくれた先輩の多くは、町工場から引き抜かれた職人である。良きにつけ、あしきにつけ徒弟制度が残る時代だった。職人気質《かたぎ》が現場を束ねていた。

一九五四年から、「かんばん方式」が徐々に広がり、作業手順や作業量が標準化されていった。機械化も進展し、職人技は次第に薄れた。

一級旋盤工の試験に一発で通り、腕がよかったと自負する花井十四三は、四十二歳で工長になった。

「果たして会社が儲《もう》かるように出来るだろうか。お互いが力を出し切れるような組織ができるだろうか」

もう腕だけの時代ではない。自分に務まるか、不安だった。

班長、組長、工長と、上って行くにつれ、自分でやることは少なくなる。その分、部下を指導することが仕事になる。杉浦美代市は、幹部の話を聞くたびに、

（下の者に納得してもらうには、しゃべらなあかん。どうやったら部下の信頼を得られるか）

と心を砕いた。盗み取る対象は、話題や話法になっていた。

九七年四月、工長の名称は、「チーフリーダー」、「チーフエキスパート」の二つに取って代わられて工場内から消えた。しかし、その足跡は消えない。

「養成工はすごいんだ。現場のリーダーだったよ。日本が強いのは現場だからね」

名誉会長の豊田章一郎は、その多くが工長として活躍した一期生を讃《たた》える。

「うちらがこの会社を作ったんだという自負はある」と佐野。

こういうことはおれが始めたんだ、という遺産が、一人一人にあるという。

一期生の有志は時々、集まっては旧交を温めている。ある時、豊田市内の飲食店に、中村、野田、塚本ら五人の顔が並んだ。

「今から思うと、よう絞られ、よう仕込まれた」

「横着にならず、さぼらない人間になれたのは、金には代えられん財産だ」

話は、かつての仕事、職場に及んだ。花井が「神様になれて満足しとる」と漏らすと、土井三吉は少し気負って言った。

「美空《みそら》ひばりが昭和史であったように、おれたちがトヨタ史だ」

そして三十一人が残った

創祖の理想を受け継いで

トヨタのように、各企業にあった養成所は戦後、中卒者対象の職業訓練校として存続した。これらの訓練校と連携し、高卒資格を付与してきた東京の科学技術学園高校によると、ピークの一九七〇年ごろには、全国で四十三の連携校があった。日本の高い工業技術力の礎《いしずえ》だった。

それが今では、日立製作所、東京電力、関西電力、デンソー、日野自動車とトヨタの六社だけとなった。だが、自前で現場の人材を育成する企業がわずかとなった今でも、トヨタは方針を変えない。

「人間がモノを作るのだから、人をつくらねば仕事も始まらない」と、英二は語っている。

トヨタの「技能者養成所」は、五三年から社内選抜をやめ、新規中卒者は全員が三年間、養成所で学ぶことになった。六二年には名称に「トヨタ技能者養成所」とトヨタの冠が付き、八年後に職業訓練法の改正に伴って「トヨタ工業高等学園」となった。九六年、五十一期生の入学から学校法人「トヨタ工業技術学園」となり、二〇〇二年一月からは「技術」の二文字を取って「トヨタ工業学園」となった。一期生を教えた英二がその理事長である。

九八年からは寮に入るかどうか選べるようになり、学園の所在地も本社内から車で十五分ほど離れた豊田市保見町に移った。だが、佐吉の精神を受け継ごうとする姿勢は、養成工一期生時代の六十年前から変わっていない。

六三年制定の学園歌は、〈創祖の理想うけつぎて〉と謳《うた》い上げる。

一、世紀の光明らかに
新風つねにそよぐあり
創祖の理想うけつぎて
熱意に燃ゆる若人《わこうど》が

揚げし旗に栄あれ
おお我等トヨタ　若きトヨタ

二、時代の扉うち開き
世界を馳《か》けるわが轍《わだち》
高き理念をうちたてて
誠意努力に火と燃ゆる
若き生命に誇りあり
おお我等トヨタ　若きトヨタ

三、青空高く躍る陽を
胸に尹《い》抱《だ》きて意気高く
使命は重き自覚もて
相寄り共に打ちならす
平和の鐘のさわやかさ
おお我等トヨタ　若きトヨタ

四、東海の丘緑濃く
　青春の謌《うた》こだまして
　親和団結前進の
　誓いは固き友と友
　日毎《ごと》の勤務幸多し
　　おお我等トヨタ　若きトヨタ
　　（作詞・藤浦洸《こう》、作曲・古関裕而《ゆうじ》）

元学園長の松永哲扶《てつお》が語る。

「我々の教育のテーマは、生徒にいかにトヨタDNAを浸透させるかということです」

パソコンがずらりと並んだ学園の教室の中で、約三十人の高等部三年の生徒が、CADと呼ばれる製図ソフトを操作し、それぞれの画面に複雑な設計図を描き出していた。

学科や技能実習は、普通の工業高校とほぼ同じだが、トヨタの工場と同じ機械を使い、三年生は二ヶ月間の現場実習も組み込まれるなど、より実践的なカリキュラムとなっている。

卒業すれば高卒の資格が与えられるうえ、「生徒手当て」として毎月十万五千円から十四万円が支給され、夏・冬の〈ボーナス〉まで出る。修学旅行はオーストラリアや台湾だ。

「生徒の八割は就職というより、工業高校に来ているとの意識が強い。就職内定付きの高校進学というところです」

と、松永は今の若者気質を話す。

二〇〇二年三月に高等部を卒業した五十四期生の渡部直人は、学園生の特徴を、モノづくりの大切さというのを意識しているところだと言う。現代的な技術を学ばせる一方で、学園では、すでにラインでは機械化されたような手作業も、徹底的に教え込む。二〇〇〇年の技能五輪全国大会では、参加七種目のうち四種目で金メダルを取った。

トヨタ生産方式の要《かなめ》となる「改善意識」も刷り込まれる。会社に役立つ改善策を発案した者に報奨金を与える「創意工夫制度」に、学生時代から参加するのである。

彼らは、卒業すれば、高卒の社員と同じスタートラインにつく。しかし、渡部は「普通の工業高校に行くよりは、技術もあるし、トヨタのことはよくわかっていると思う」と言い切る。

技能者養成所の歴史を受け継ぐトヨタ工業学園も、「同じ釜《かま》の飯」意識を重視する。「モノづくりは個人プレーではできませんから」と生徒指導担当の保科道大《ほしなみちひろ》は語る。九八年に全寮制を廃止したものの、寮は残した。生徒のほとんどが入寮を選んでいる。

会社の規模が大きくなるに従って、東海地方以外から来る生徒が増えてきたことも寮を残した重要な理由の一つだ。現在では、東海四県以外は四割を占め、自宅通学者が少なくなった。

朝晩の点呼はいまも続き、トイレと風呂《ふろ》は共同、消灯は午後十一時で、外泊も許可が必要だ。同世代の若者に比べると窮屈な印象を受けるが、二〇〇二年に卒業した伊藤広貴は、「友達もたくさんできるし、先輩にも顔を覚えてもらえる。配属された時に、新しく入る人よりも気が楽なのではないか」と話す。

一期生、それぞれの思い

トヨタ工業学園は、二〇〇二年三月までに一万五千人余の卒業生を送り出した。そのうち、トヨタの繁栄を支えた三百三十九人の一期生は、戦争や戦後の倒産の危機の折に会社を去り、あるいは病に倒れるなどして、今は三十一人が残るだけである。
一期生のうち、戦争や労働争議をくぐり抜けた最後の三十一人に、技能者としての自負や職場の思い出を聞いた（年齢は二〇〇一年十一月取材当時）。
板倉鉦二（76）
二男も養成工。五九年に一級技能士を取り、上着の胸に付けているのが技能士章。一期生はトヨタの旗本だ。
中村信男（77）
トヨタ時代、特許を八つ、実用新案を四つ取った。働き盛りの時に、日の当たる仕事につけて良かった。
佐野三雄（77）
国産初の本格乗用車クラウンの試作ボディーを作り、喜一郎の夢をかなえた。ハンマーを持った右腕は今も太い。
杉浦芳治（77）
大野耐一さんが初めて「トヨタ生産方式」を導入した第三機械課で、一秒刻みの工程短縮に努めた。

山下元良（76）

兄弟五人ともトヨタ。伊勢湾《いせわん》台風でも、まず工場に走った会社人間だが、妻と出会えたのが一番の幸せだ。

土井三吉（77）

父親と私、息子の親子三代、トヨタに勤めた。大学生の孫もトヨタに入ってくれれば、いいなと思う。

杉山正明（77）

足を傷《いた》め、通算で六年ほど会社を休んだ。障害者になったが、解雇されることもなく、ありがたかった。

伊藤季昌《すえまさ》（77）

五十年ほど前は給料が滞ることもしばしばで、夫は会社に行くと、自転車でアイスキャンデーを売り歩いた（妻による代理回答）。

塚本静男（77）

戦後、会社を去った仲間も多いが、やめていたら、四人の子供を独立させることもむずかしかった。

小野鉄次郎（76）

辞める時に買ったトヨタの作業服が三着もある。自分のやつは自分できっちり着てから死ね、と息子に言われた。

東野三郎（76）

トヨタのことはもう忘れてしまったので、話したくない。今も、仕事を続けており、体はいたって元気。

徳山稔《みのる》（78）

二年前に脳こうそくで倒れ、トヨタ記念病院でリハビリ中。夫婦で庭仕事をしている時が一番楽しい。

成瀬兼吉（76）

工作機械の管理を長年担当。役職を離れる時、会社がハワイ旅行に連れていってくれたのが最高の思い出だ。

都築定夫（77）

一期生初の技能検定で、トヨタで一番の成績を取ったことが誇り。椎間板《ついかんばん》ヘルニアになり自宅療養している。

杉山幸夫（78）

中国東北部でソ連軍に捕まり、シベリアに抑留された。カメラが好きで、近くの教室で習うのが楽しみ。

梅林四郎（77）

退職して以来、病気で何度も倒れて入退院を繰り返しており、ほとんど寝たきりの状態です（妻による代理回答）。

新実康一（77）

三十四歳で職場の班長になった時が一番うれしかった。組長、工長にもなれたが、自分では早すぎると思った。

加藤良男（76）

トヨタの相撲部で力道山の相手を務めたのが自慢だった。定年前に病気で倒れ、ずっと療養している（妻による代理回答）。

野田孝夫（78）

トヨタは家族的で、親分、子分という人間的なつながりが強かった。私自身、十三人の仲人《なこうど》をした。

花井十四三（76）

現場では、よく冷や汗をかいた。子供がトヨタに入らなかったのは、仕事のきつさを見ていたからだろう。

神谷尚武（77）
尊敬する工場の管理職のおしゃれやしゃべり方までまねをした。いまでも髪は七三にきちんと分けている。
杉浦美代市（77）
初代のコロナを出した時、日産のブルーバードに押されっ放しで、設計陣に文句を言ったものだ。
岡田栄次（77）
弟二人も養成工の四期生と九期生。「トヨタ自動車の岡田一家」と渾名《あだな》がついた。今、一代記を書いている。
手嶋佐久三（77）
初めて買った車は中古のパブリカ。同居する三女の婿《むこ》も豊田工機だ。前立腺癌《ぜんりつせんがん》が治り、自宅で療養中。
佐原安夫（77）
豊田佐吉と同じ静岡県湖西市生まれ。ヒーローの佐吉にあこがれ入社した。十年前に妻を亡《な》くし独り暮らし。
内海正二郎（76）

長年、フライス盤を扱い、百分の一ミリぐらいなら感覚でわかる。あの時代は養成工が会社の基準だった。

田中敏男（76）

トヨタは本家。あそこがあってのデンソー。トヨタには一年間、世話になったし、幸せな人生を歩んできた。

間瀬義光《よしみつ》（77）

体調がすぐれず、今は、お話できる状態ではない（妻による代理回答）。

亀井十一《といち》（76）

お酒が好きで、事故を起こすといけないので、車の免許は取らせなかった。自転車で通勤していた（妻による代理回答）。

山本作夫（77）

台風や災害があると、夜でも会社に駆けつけていた。まじめだった（妻による代理回答）。

磯谷真二（77）

働きながら名古屋工業大で学ばせてくれた。戦後、移った「車体」では常務に。系列との一体感の源は養成工だ。

第三章 技術者の攻防

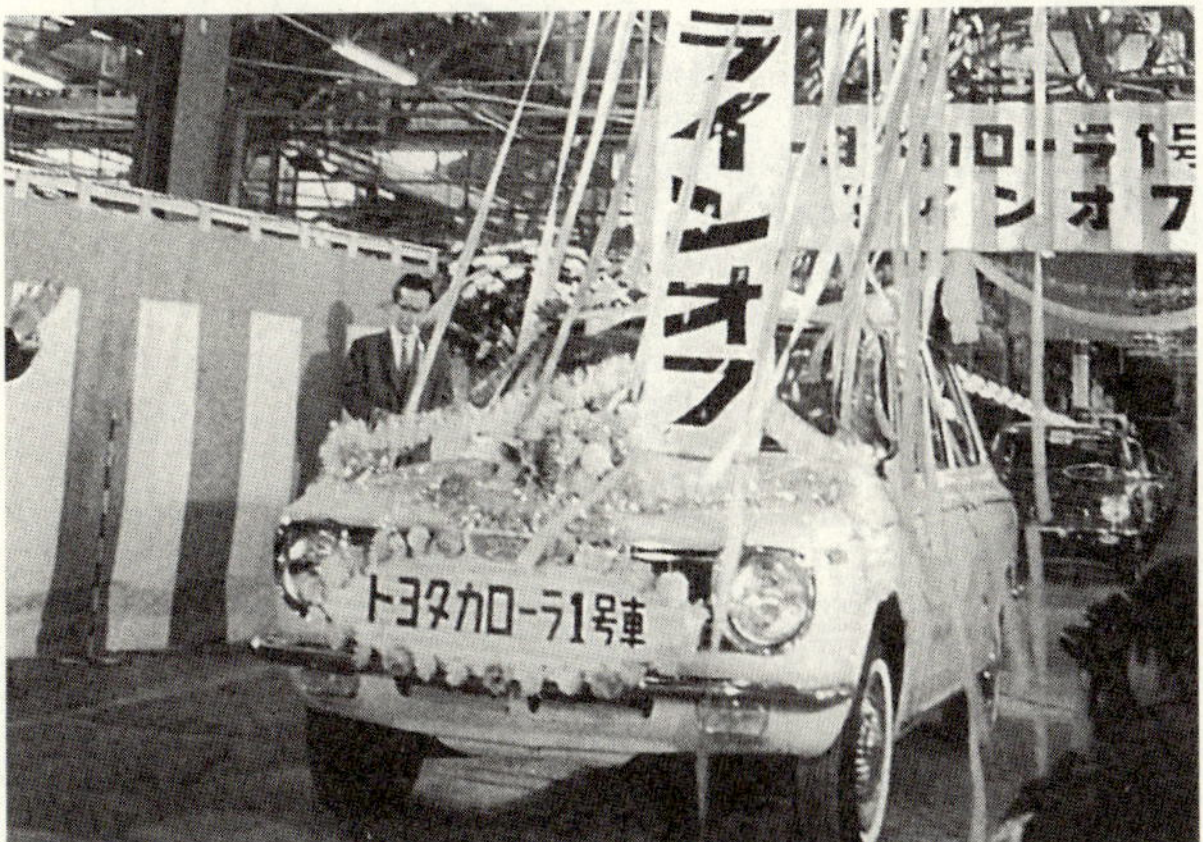

カローラ一号車ラインオフ式（1966年9月24日、トヨタ自動車高岡工場で。トヨタ自動車提供）

「ノー」で始まった大衆車

コードネーム「一七九A」

トヨタの強みの一つは、世界で最も売れ続ける大衆車を持っていることだ。一九〇八年に発売されたT型フォードは十九年間に千五百万台が生産されたが、トヨタの社内コードで「一七九A」と呼ばれたその車は、日本にモータリゼーションの波を起こし、やがてT型フォードを抜いた。生産累計《るいけい》は二〇〇一年末で二千五百万台を超えている。

大衆車の開発指揮にあたったのは、トヨタグループの総帥《そうすい》であった豊田英二(現・最高顧問)ということになっている。寡黙《かもく》な英二に代わって、「開発は英二の経営思想により展開された」と記した本も少なくない。

しかし、事実は大きく異なっている。その名車の開発は、英二の「ノー」から始まっていた。それをはっきりと物語る極秘資料が残っていた。

東京オリンピックを控えた一九六四年の春だった。愛知県豊田市のトヨタ自動車工業の本社役員会議室で、最高幹部会議が開かれた。議題はトヨタの次期大衆車戦略である。

トヨタが大衆車第一号として、六一年六月に発売したパブリカは、月に四千台と販売台数が伸び悩んでいた。

その三年前に富士重工が「スバル360」を、六〇年に新三菱《しんみつびし》重工が「三菱500」、続いて東洋工業(現・マツダ)が「マツダR360クーペ」と、各社が五〇〇cc以下の軽乗用車を作る中で、パブリカは新開発の空冷水平対向の二気筒U型エンジンを積み、二十八馬力、六九七ccと、一段上をいくものだった。軽合金ダイカスト部品やプラスチックを多用し、大型プレス部品の採用で部品数を減らして、車体重量を五八〇キログラムに抑えていた。余計な飾りもやめて三十八万九千円という低価格に抑えていたが、実用一点張りにしたのが悪かった。

発売から四年間に七百ヶ所を改良し、バン、デラックス、コンバーチブルなども加えてラインアップを充実させたものの、競合車の登場で六二年に七四%を占めた大衆車市場のシェアは落ちるばかりだった。サラリーマン世帯の可処分所得は、まだ月額四万一千円に過ぎなかったが、自動車は動けばいい、という時代は過ぎ、大衆は車に夢を求め始めていた。

役員が居並ぶ末席にいた黒縁メガネの男が、会議の成り行きに、厳しい表情で頭をかきむしっていた。パブリカ開発の責任者で部長級の主査・長谷川龍雄である。四十八歳だった。

三九年に東京帝国大学工学部航空学科を卒業し、第二次大戦中は立川飛行機の設計主任として、米軍のB29を高高度で迎撃する「キ—94」の設計にかかわっている。敗戦で日本は翼を失い、飛行機エンジニアの多くは自動車業界に入った。長谷川も終戦の翌年、トヨタに迎え入れられた。

いらついていたのは、パブリカの販売不振のせいではない。それはもう見限っていた。五八年秋に約二ヶ月半、アメリカの自動車業界を視察し、先進国の技術と繁栄に驚嘆してから、日本にも本格的な大衆車の時代が来ると確信するようになっていた。

だからこそ、パブリカより排気量が三〇〇cc大きい新型車「一七九A」を企画したのだった。前年の正月には設計計画方針をまとめ、五分の一モデルも作って、開発への本格着手を訴えていた。

だが、一年かけて得たのは、新エンジン「二七E」試作の許可だけだった。最高幹部会議を迎えても、長谷川に同調する者はいなかった。

長谷川は、トヨタ自工の実質的なトップだった副社長の豊田英二に最後の期待をかけていた。が、英二から出た言葉は、長谷川を戸惑わせた。新大衆車よりも、パブリカの改良や先発の「コロナ」を優先するというのである。

その会議の模様を伝えるトヨタ技術管理部のマル秘文書がある。それには、「取扱極秘」という文字の下に、〈第2次技能重役との懇談会メモ〉と記されていた。

大衆車開発を巡る会議は何度も開かれた。そのうち、英二が一応の結論を下した六四年三月二十七日の会議メモである。

I、日時　3月27日（金）　14：25―18：30
II、場所　役員会議室
III、参加
【重役室】豊田副社長、斎藤専務、野口重役、稲川重役
【技術部】中村、長谷川、田島、内山田、各主査
藪田部長、中島副部長、森本次長、大塚次長

役員と技術陣の計十二人が、午後二時二十五分から六時半まで四時間五分に渡って議論を交わしていることがわかる。もっぱら口を開いていたのは、意外なことに、無口と伝えられている英二だった。

再びメモに移る。（副）とあるのは副社長の英二の、（主）は主査側の発言である。Cyl は cylinder（シリンダー）、【結】は結論の略。ＵＰ一〇はパブリカ、一六〇Ａはコロナのそれぞれコードネームだ。

Ⅳ、打合せ結果集約

次期パブリカの件

（問題の焦点）

目標時期を（昭和）41年春とするか。

41年春としないと現在のＵＰ一〇をどうするか。

【意見】

〇ＵＰ一〇をやめるつもりはない。従ってそれに対するモデルチェンジ等を考えていかなければならぬ。（副）

〇エンジンのみはさらに1種類試作したいと思っている。今の計画では、4Cyl air-

cooled（4気筒空冷式）と考えている。水平対向型のつもり。（副）
○Cyl Volume（排気量）としては、up to 900cc（九〇〇ccまで）位と考えてもよい。（副）
○一七九Aをやめよというのではない。（副）
○また、二七EのみをUP一〇に載せることも考えられる。（副）
○空冷4Cylの際は、ヒーターが一番えらい。（主）
○空冷4Cylをやるとすると、一七九Aの手を抜いても、力を入れざるを得ない。
二七Eの二次試作設計を止めて空冷4Cylにいれればこなせるであろう。（副）
○一七九Aは良すぎるぐらいで却ってよく売れるかの点、一六〇Aへの影響が心配。（副）

【結】
一応この線で検討することとする。

会議の焦点は、パブリカの後継車である一七九Aの開発をどうするか、開発目標を当初予定の六六年春よりも後にずらすとしたら、パブリカをどうするか、ということだった。

これについて、英二は、長谷川が見限っているパブリカをやめるつもりはなく、今後もモデルチェンジをしていくと明言したのだった。

肝心の一七九Aは、四気筒の水平対向型エンジンをもう一種類試作するが、それも九〇〇ccが限度だ。一七九Aをやめろとはいわないが、新型エンジンをパブリカに載せるという方法もあるではないか。一七九Aは、良すぎるくらいで、先発のコロナと市場を食い合う恐れがある。コロナへの影響が心配だ――というのである。

走り出した夢

英二の「良すぎるくらいだ」という言葉を、長谷川は「最先端過ぎて、まだ国民に受け入れられない。時期尚早だ」という意味だと受け取った。辛うじて許されたのはエンジン試作の続行だった。しかし、そのエンジンも、次期パブリカに転用されるかもしれないのだ。

一七九Aは最小限の重量とコストを目指しているのに、担当役員は「一五〇〇ccまで共通化を図れ」と主張して、一七九Aのトランスミッションの図面にも判子を押してくれなかった。

万策尽きた長谷川は、巻き返しを胸に秘めて、名古屋市東区のトヨタ自動車販売本社に向かった。

頭には、眉《まゆ》の太い男の顔が浮かんでいた。トヨタ自動車販売株式会社社長の神谷正太郎である。一九二七年に設立された日本ゼネラルモーターズ（GM）の東京事務所長だったところを、豊田喜一郎に引き抜かれて、販売面を任されてきた。神谷はGM設立の翌年に入社し、大阪本社販売広告部長やゾーンマネジャーを務めている。販売店設立や経営指導のノウハウを持つ一方で、商工省や陸軍省にも人脈を広げていた。

全国的な販売網を築きあげていたGMやフォードに対し、喜一郎は試作工場で自動車を作り始めたばかりだった。初対面の三五年の秋、喜一郎は「あなたが豊田に来てくれるなら、販売は一切任せてもいい」と口説き落とした。当時、神谷は三十七歳。喜一郎の四つ年下だった。

転身に当たって、神谷が部下の花崎鹿之助（元・トヨタ自販常務）と加藤誠之（元・トヨタ自販会長）に、「シンネン　ヲ　モッテ　コイ」という電報を打って、引き抜いた話が残っている。剛腕である。

自販社長時代に「日産は永久に追いつけない」と言われるほどの強固な販売網を築き、「販売の神様」と呼ばれていた。長谷川には面識があった。パブリカの販売が苦戦していたころ、神谷が声をかけてくれた。

「よくやってくれているけど、難しい時代だね」

彼だったら分かってくれるかもしれない。東大時代の後輩で、トヨタ自販業務部長の松浦正隆《まさたか》に頼み、自販本社で面会することになった。

三七年八月に設立されたトヨタ自動車工業から、販売部門を統括するトヨタ自動車販売が分離独立したのは、設立から約十三年後の五〇年四月のことである。

それは、GHQ財政金融顧問のジョゼフ・ドッジ公使がインフレで破綻《はたん》の危機にあった日本財政の建て直しを始めたことから始まっている。

彼は、日本経済の自立のためには、補助金と米国の経済援助を断って、日本が収支均衡予算を編成することが必要だと主張し、四九年度予算をその方針に沿って組ませた。産業界の頼みの綱でもあった復興金融金庫の貸し出しも全面停止されることになった。「経済安定政策」という言葉で言い換えられるこの「ドッジライン」は、日本を世界経済に復帰させ、自由主義経済の土台を築いたものの、短期的には企業倒産と大量の人員整理を招き、自動車の需要も激減させた。資金繰りも悪化した。そのドッジ不況の中で、いすゞ自動車や日産自動車は大量の人員整理と合理化を打ち出し、トヨタもまた年末資金にも窮する経営危機に陥った。

生産増強どころではなくなった喜一郎は、帝国銀行（現・三井住友銀行）と東海銀行（現・三菱東京UFJ銀行）を幹事とする銀行団に、融資の条件として販売会社を分離するよう条件を付けられ、これを受け入れる。銀行団が提示した会社再建策は、生産はトヨタ自工に、販売はトヨタ自販にと別会社に分離して融資資金の使途を明確にすることを義務づけていた。さらに、資金繰りが行き詰まったのは、売れないのに生産を強行したためだとして、過剰人員を整理しながら、自販が売れる台数だけ自工が製造することを求めていた。これが大争議と喜一郎の退陣を招くのだが、争議については第五章で触れる。

さて、「今後とも、自工と自販は共存共栄体とする」となったものの、両社は別の会社である。自工の長谷川が会社の垣根を超えて、自販のトップに直談判するのは異例なことだった。

長谷川は挨拶《あいさつ》もそこそこに切り出した。

「簡素なだけのパブリカではもうダメです。顧客は魅力ある車なら、買ってくれます。週末には高速道路を遠出するような時代がすぐ来ます」

高度経済成長の真っただ中だった。東海道新幹線の開業がオリンピック景気をさらに煽《あお》り、デパートやホテルの拡張が続いている。トヨタは三月に日本初の乗用車月産一万台を突破し、東名や名神高速道路の建設が着々と進んでいた。だが、高速走行となれば、排気量六九七cc、最高時速百十キロのパブリカでは安定走行にゆとりがない。

長谷川が示したのは「排気量一〇〇〇ccで、客室はパブリカよりも広く、五人家族がハイウエー時代をエンジョイできる車」だった。愛知県岡崎市の一戸建てに、妻と子供の家族四人で暮らす自身の生活感覚も背景にあった。

「自販から新しい大衆車の必要性を持ち掛けてもらえませんか」

長谷川の訴えは三時間近く続いた。黙って聞いていた神谷が言った。

「分かった。もう一度会おう」

次は新型車「一七九A」の詳細を聞きたいというのである。夢は動き出した。

当時のトヨタは豊田市の元町工場を乗用車生産にあて、クラウン、コロナ、パブリカで手一杯だった。新車種には膨大な投資を伴う新工場が必要になる。

しかし、いったん決断したら、英二たちの動きは速かった。一九六五年五月から、愛知県碧海《へきかい》郡高岡町（現・豊田市本田町）から西加茂郡三好《みよし》町、刈谷市にまたがる広大な丘陵地帯の取得に乗り出した。「一七九A」のために、高岡工場という新たな巨大工場を作るというのだ。投資額三百億円。単一車種の、しかも、月産二万台の規模の工場にするという。パブリカは月産四千台だった。

「どんな車が出来上がるか、まだ分からないのに」

自信家の長谷川も驚いた。そして、光栄だと感じた。

サニーの影、ファミリアの足音

国民車構想

「一七九A」の開発が本格化するより三年も早く、日産の大衆車プロジェクトが動き出していた。一九六一年六月二十八日の常務会で、大衆車の開発プロジェクトにゴーサインが出たのである。

スバル360、トヨタパブリカ——。通産省の国民車構想に刺激され、そのころ各社は次々に大衆車を発表していた。

国民車構想は、後にトヨタ自販常務となる通産省自動車課の川原晃らの技官が「国民車育成要綱案」として五五年に発表した。最高速度百キロ以上で定員四人、時速六十キロの時、一リットルの燃料で三十キロ以上走れること、販売価格は二十五万円以下。排気量は三五〇ccから五〇〇cc——というもので、この条件を満たすメーカー一社を支援することにしていた。一社だけを補助することなどに抵抗があり、結局、実現はしなかったが、掲げられた条件は、四輪車を生産する各社の技術的目標となった。

日産の当時の社長・川又克二《かつじ》（故人）は大衆車に進出することに渋い顔をしていた。メーンバンクの興銀から派遣されてきた川又は「安価な車では投資効果が薄い」と反対してきた。自動車業界に疎《うと》いために、「国民車はブルーバードの中古車でいい」と事あるごとに言った。現場の設計陣が一年以上もかけて大衆車の必要性を訴え、現場の意欲を知る技術担当専務の五十嵐正が押し切った。

しかし、日産の大衆車第一号となるはずの「A二六〇X」は、狙《ねら》い通りの性能が出ず、試作車段階で開発がストップする。元々、開発を快く思っていなかった川又の手前、一から出直すわけにはいかない。担当者はやむなく商用のバンを中心に据えた計画にして、後から乗用車もシリーズ化するという苦肉の策を提案した。

「変化球なら社長を説得できるのではないかと思ったわけですよ」

と、当時、隣の部屋でローレルの設計にあたっていた太田昇《のぼる》が明かした。六二年十二月から取りかかったその車が、後の「サニー」である。

ベテラン技術者は付けてもらえず、チームのメンバーは二十代半ばの若手ばかりだった。現場主任でさえ、A二六〇Xから設計に参加した二十六歳の葭森《よしもり》圭介である。東大工学部の航空学科を卒業したが、「大衆車の時代が来る」と見越し、日産に入社したエンジニアだった。

現在、技術・開発担当副社長を務めている大久保宣夫《おおくぼのぶお》も新入社員でチーム入りし、足回りの要《かなめ》となる、フロントサスペンションを担当した。

開発費も抑えられた。主力車ブルーバードは当時十〜二十台の試作車を作っていたのに、「サニー」に与えられた枠はたった三台だった。

ブルーバードは、ライバルのトヨタが自社の「50年史」に〈エンジンをはじめほとんどの部品を新設計して開発したものだけに、従来の小型車とは一線を画した歴史に残る名車の一つである〉と讃《たた》えるほどの車で、五九年の四半期に、乗用車市場の首位の座をトヨタから奪回するほど人気があった。日産の社内に、ブルーバードを偏重する空気があったとしても不思議ではない。

「それならそれでやってやろうじゃないか、と意地になりましたね」と葭森は振り返る。

ライバルのトヨタが、「パブリカをモデルチェンジしてくるらしい」という情報が入っており、パブリカを上回ることを目標とした。

自信があった。米国に輸出するブルーバードの振動対策を手がけた葭森の経験からすれば、パブリカの空冷二気筒エンジンはうるさいし、小回りも利《き》かないからだ。一七九Aの開発は最後まで知らなかった。

パブリカの六九七ccを上回る八五〇ccの四人乗りでスタートしたが、ドイツの大衆車オペルカレットと並ぶ一〇〇〇ccにしたいと主張して、葭森は、設計の基本となる車両計画図をこっそり五人乗りにした。上司に怒られ、表面上は四人乗りに戻したが、室内寸法は五人用のままで、最終設計図では一〇〇〇ccに変更してしまった。

会社の期待は大きくなかった。月販五千台として原価計算すると、千台で計算し直せと命令された。

「そんなばかなことがあるか」と強気だった開発チームも、発表直前は、落ち着かない日々を過ごした。生産準備段階になって、担当工場について社長に提案しても返事はなかなか返ってこなかった。

チーフエンジニアの園田善三は、特に軽量化を厳命した。

「軽くすることは原価を抑える唯一《ゆいいつ》の手だてだ。工夫しろ」

軽量化を図ったパブリカは、六九七ccで車体重量は五八〇キロだったが、サニーはそれを六五〇キロに抑えるため、部品それぞれに厳しい重量制限を設けた。さらに、その計画重量を六二五キロに変更するほど軽くしたが、最終的にはそれさえも下回りそうになり、あわてておもりをくっつけたりもした。極限まで鉄板を薄くしたため、

「安全性は大丈夫か」と社内で陰口を叩《たた》かれた。テストコースにある三十メートルほどの崖《がけ》から試作車を落とし、安全を証明するということまでした。

東京・帝国ホテルで開かれた発表会の日、葭森は隅の方で、約三年間を費やしてきた車を見つめていた。

「子供のオリンピック入場行進を見る親の気持ちもこんな感じじゃないですかねえ」

このころには、会社も国民所得の伸びから大衆車の需要の広がりを予測し、車の名前公募や専用の販売店網を作るなど、手のひらを返したようにサニーを押し始めていた。

六六年四月から発売され、五ヶ月間で三万台以上売れた。専門家も「スポーツカー並みの軽快なドライビング」「理想的な大衆車」と絶賛した。町のあちこちで見かけるようになったサニーに、「会社から冷たくされたうっぷんを一気に晴らしたという感じでしたね」と葭森は感慨深げに話す。技術者の敵はライバルだけではなかった。

爆発的な人気を見て川又は、大衆車開発を巡って対立した五十嵐に詫《わ》びたという。

「僕が間違っていたよ」

八十点プラスα主義

「東洋工業がファミリーカーを開発している」

一九六四年春、トヨタ自工の主査・長谷川龍雄の元に情報が寄せられた。この年の十月に発売されるマツダ・ファミリア800セダンのことである。長谷川が開発を急いでいた新大衆車「一七九A」とは、アルミ製エンジンや四速変速機など仕様に共通点が多かった。

東洋工業だけではなかった。当時、国内の自動車メーカー各社は、水面下で大衆車の激烈な開発合戦を繰り広げていた。極秘の「他社情報」は、次々と長谷川の耳に届いていた。開発競争は情報戦でもあった。

「日産や富士重工も何かやってる。タイミングを逸したら取り返しがつかない」

時間との競争に長谷川は焦《あせ》った。しかし、新車開発に掲げた目標には自信があった。

「八十点プラスα主義」である。

「すべてに百点を取ることは神様にしかできない。しかし、すべての面に先進技術を盛り込み、合格点の八十点を取る。そのうえで突出したプラスαを盛り込もう」

曲面ガラスのサイドウインドーや、スポーツカーのようにギアチェンジのシフトレバーがシートの横にあるフロアシフトで醸《かも》し出すスポーティーさが、そのプラスαだった。

一方、合格点を取るために盛り込む新技術は、日本で初めてが三十以上あった。ただ足回りのサスペンション技術は難産だった。

コイルスプリングと油圧式の衝撃吸収装置を組み合わせるなどした「マクファーソン方式」の採用を目指していたが、なかなかうまくいかなかった。

部品会社との共同開発を、副社長の豊田英二に申し出たが、「だめだ」と言って首を縦に振らない。

「エンジン同様、重要な部品だから、ノウハウを社外に流してはいかん」

難しいからこそ、成功すればトヨタの財産になるというのが英二の考えだった。

発売の四ヶ月前になって、ようやく完成にこぎつけた。この方式は、「一七九A」に採用以降、世界の八割が追従することになるほどの影響力を持つ新技術だった。

長谷川の手元には、六五年当時のスケジュール帳が残っている。

〈一月〉

六日 (午前) 技術機能会議、(午後) 一七九Aモデル展示、UP一五認定試験下打ち合わせ

七日（午前）構造計画打ち合わせ、（午後）UP一五進行打ち合わせ
八日　東京（運輸省）
十一日（午後）二七E、一七九A試作進行打ち合わせ
十二日　UP一〇打ち合わせ
十三日（午前）原価管理推進会議
十五日（午前）UP一五打ち合わせ、（午後）一七九A　Body進行打ち合わせ

細かい予定が鉛筆でびっしりと書き込まれていた。一七九Aの打ち合わせだけとっても、車体設計、計器板、樹脂、内装、塗装、マクファーソン、振動設計、原価計算、ボディー剛性、耐性、輸出関連……とあらゆる種類の会議があった。

長谷川は六四年一月以来、一七九Aにかかわるすべての会議をスケジュール帳に記載した。約三年で、その回数は六百六十八回にのぼる。車体、エンジン、デザイン、駆動の各部署に、長谷川が描くイメージを徹底的に吹き込むためだった。

UP一五とは、六五年四月に発売され、若者の人気を集めた「トヨタスポーツ八〇〇」である。一七九Aの開発の合間を縫って、このスポーツカーを仕上げなければな

らなかった。そのためにしばしば休日を返上して働いている。前記の一月十五日は成人の日にあたり、祝日だった。仕事がおもしろくてたまらなかったのであろう。

長谷川は、家庭で仕事のことを何も話さなかったが、新車の開発が本格化すると、家族はすぐにわかった。

「もともと家庭を顧みない夫でしたが、その時には、氷の壺《つぼ》に入ったようになるんです」と、妻の三四子《みよこ》は言った。休みの日も「試運転をしなければいかん」と言って、試作車で走りに出た。

何度目かの氷の壺に入った時、あきれた三四子が「あなた、子供が何年生になったか、ご存じですか」と尋ねると、夫は答えられなかった。

日産に関して驚く情報が入ってきた。パブリカの対抗車として、八五〇ccの大衆車を開発していることはすでに知っていた。ところが、新しい情報では、「八五〇ccと並行して一〇〇〇ccも発表か」「追浜《おっぱま》工場、二ライン増設中」というのである。これが、「一七九A」と熾烈《しれつ》な鍔《つば》迫り合いを展開することになるサニーの影だった。

トヨタVS.日産

一〇〇ccアップ——追撃のZ旗

日産サニーが発売される一ヶ月前、一九六六年三月二十二日のことだった。

「一七九Aのエンジン、一〇〇〇から一一〇〇ccに変更するぞ」

長谷川が厳しい表情で言った。主査付きとして、その右腕だった佐々木紫郎(現・トヨタ自動車顧問)の日記に、その日のことが記されている。佐々木は過労もたたって一ヶ月ほど入院し、病み上がりの体だった。

排気量を大きくするのは、エンジンの見直しだけにとどまらない。駆動系から足回りまで再設計や材質の見直しが必要になる。しかも、一号車の完成予定は半年後。そこは動かさないというのである。

(常識では考えられない)

佐々木は出かかった言葉をのみ込むしかなかった。長谷川も内心では賛成などしていなかったのだ。トップから下りてきた指示だったからどうしようもなかった。

変更を言い出したのは、トヨタ自販社長の神谷だった。長谷川の要望を受け、「一七九A」開発の実現に動いてくれた男である。

神谷は月産二万台というかつてない生産態勢に見合うよう、販売網の整備を進めていた。サニーの登場は計算済みだった。しかし、発売開始の三ヶ月も前から始まったそのキャンペーンには焦りを感じていた。中身はどうあれ、見た目は同じ一〇〇ccの大衆車同士なのである。

「サニーを引き離すよう、一七九Aの差別化が欲しい」

神谷はトヨタ自工会長の石田退三に、排気量の一〇〇ccアップを申し入れた。米国輸出も頭にあった。米国の高速道路を走るには、排気量のアップはどうしても必要なのだった。

だが、排気量の変更は開発の現場に大きな負担となった。排気量に基づく自動車税も、サニーより三千円高くなる。三百億円を投入した高岡工場を造るなど社運をかけた新大衆車である。現場のリスクを承知で、排気量の拡大は決定されていた。

新エンジンの社内コードは、「一七E」から「一七E―Z」に変わった。

Zを付加したのは、日露戦争で連合艦隊司令長官・東郷平八郎がバルチック艦隊を撃ち破った時に掲げたZ旗に倣《なら》ったのだ、と佐々木は明かす。サニー撃破のために、スタッフの気持ちを一つにして、短期間にエンジン改良を成し遂げなければならない。まさに〈皇国ノ興廃此《コ》ノ一戦ニアリ〉の気分だった。

「Z」のゴム印を作り、「プラス一〇〇cc」関連の書類にはすべて赤いZ印を押した。あらゆる書類に優先して決裁された。

出来たばかりの名神高速道路が、試作エンジンの高速性能を確認するテストコースとなった。夜な夜な、試作エンジンを搭載したパブリカに長谷川や佐々木が乗り込んでは、明け方まで走り続けた。完成したのは、変更命令から八十日余り後の六月十四日だった。

できあがったコードネーム「一七九A」は英二によって、ラテン語の「花冠」を意味する「カローラ」と名付けられ、六六年九月七日、「トヨタ・カローラ一一〇〇」という車名だけが発表された。性能と価格を伏せて「プラス一〇〇ccの余裕」とうたうプレキャンペーンだった。

そして、前人気が高まった四十三日後の六六年十月二十日、記者発表でスタイルや性能、価格、車型、発売予定など全貌《ぜんぼう》を明らかにした。

記者会見のその様子を、トヨタの「50年史」は誇らし気に記している。

〈席上、トヨタ自販の神谷社長は（中略）「六か月先行して発売された日産のサニーを抜くのはいつごろか」という質問に対しては、「発売の月、つまり十一月には追い抜くでしょう」と答え、トヨタの自信と意気込みを印象づけた。前月のトヨタの総生産台数が五万台強、パブリカが一万台、ベストセラーカーのコロナでさえ二万台強という時点、月販三万台という目標は集まった人々の度肝を抜いた〉

長谷川はかつて、国産大衆車の普及を夢見た創業者の豊田喜一郎に「月産五百台の乗用車の新工場を企画しろ」と言われたことがある。

死後十四年。カローラで喜一郎の悲願を叶《かな》えたと思った。しかし、二十一世紀まで販売され続ける名車になるとは夢にも思わなかった。

さて、トヨタクラウンの開発責任者も務めたエンジニアの英二が当初、カローラの開発に難色を示したのはなぜだろうか。

「過ぎ去ったことを思い出して、あれこれあげつらうことは好きではない」と言う英二は、それについて何も語っていない。「済んだことをくよくよ考えても何の意味もない。過去のことはさらりと忘れ、前を向いて歩いた方がいい」というのが、英二の人生哲学である。そして今は高齢を理由に、インタビューにも応じない。

わずかに一九八五年刊行の自著『決断』でこう振り返っているぐらいだ。
〈私はカローラでモータリゼーションを起こそうと思い、実際に起こしたと思っている。(中略)うまくいったからこそ、今のんきなことを言っていられるが、もしモータリゼーションが起きていなければ、今ごろ、トヨタは過剰設備に悩まされていたであろう〉

英二は「工場の申し子」と呼ばれるほど、現場に足を運んだ技術者だったが、一方では、トヨタの危機に登場した大番頭・石田退三の下で経営を学んだ組織型リーダーでもあった。「自動車は一度損をし始めたらたちどころに泥沼に入り込んでしまう」という慎重な経営哲学を持っていた。それが、「(カローラは)良すぎてだめだ」と言わせ、神谷たち現場の熱意が高まって、これはいけるとなったら、長谷川を驚かせる大工場を建設する決断をさせたのであろう。

流出「カク秘」設計図

「一一〇〇ccだって?」

た。一九六六年秋、日産自動車でサニー開発の現場主任をしていた葭森圭介は耳を疑っ

爆発的な売れ行きで、得意の絶頂にあったチームにとって、カローラの発表はまったく予想もしていないことだった。トヨタで次期大衆車のプロジェクトが動いていることは知っていたが、パブリカのモデルチェンジだと思いこんでいた。

急いでカローラを取り寄せ、隅々まで調べた。

「トヨタがサニーを意識したのは『プラス一〇〇cc』だけだと思っていた」

と葭森は言う。ところが、調べていた部下が驚いた顔をして駆け寄ってきた。

「見て下さい。全部プラス十ミリなんです」

シートから天井までの高さ、シートの幅、室内幅――。車内のあらゆる実測寸法が、サニーよりも約十ミリ長かった。

「こんちくしょう。でも、どうしてこんなことができたんだ」

歯ぎしりしながら、葭森はふと、半年前のことを思い出した。

開発終了直後、関係部署に十部ほど配布した車両設計図を回収したが、一枚だけどうしても戻って来なかった。車両設計図には、排気量以外、ほとんどすべてのデータが書き込まれている。日産では、「マル秘」よりさらに機密度の高い「カク秘」の印

が押されていた。

「あれか」

情報が内部から漏れていた、と葭森は思った。後に、排気量だけは最後までわからなかったらしいというわさを聞き、確信を強めた。

技術では負けたとは思わなかった。最小回転半径は、カローラの四・五五メートルに対し、サニーは四メートルで小回りがきく。馬力あたりの重量も小さいから、加速もいい。信号待ちで、一番前に並んだ時にどちらが先に飛び出せるかを競う「交差点グランプリ」では、サニーが常に勝つと評判だった。

「大丈夫。サニーの方がいい車だ」

とチームで励まし合った。しかし、間もなく販売台数は逆転され、離されていった。

「サニーの販売台数は減ったわけではないのに、カローラの勢いがすごすぎた。多い月は、七、八千台差がついてしまった」

新入社員のころからメーター設計にかかわった一丸芳郎は証言する。営業からは毎日のように、「客をカローラに取られる。改良してくれ」と突き上げが来るようになった。

開発に着手したサニーの二代目は、徹底的な「カローラ対抗車」を作ることにした。

三台買って分解し、それぞれの部品を各部署にスケッチさせ研究させた。

だが、カローラに負けない車のイメージがわかない。チーフエンジニアの園田善三と葭森は、ヨーロッパを回り、欧州の小型車や街に触れて、「豊かさ」を次期サニーのテーマに決めた。カラーテレビ、カー、クーラーの3Cが「新三種の神器」と言われ、「昭和元禄《げんろく》」が流行語になっていた。

初代サニーは、走りを追求するため、車内設計は運転席優先で、後部座席は狭い作りだった。二代目は、室内の寸法をカローラより少しずつ長くし、後部座席もゆったりめにした。

初代はシャープな外形だったが、その分、購買層は限られたため、二代目はカローラのようにふっくらさせ、ファミリーカーというイメージを強めた。排気量はカローラにさらに一〇〇cc上乗せした一二〇〇ccにした。

大阪万博の開かれた七〇年、二代目サニーは、「隣りのクルマが小さく見えます」という広告とともに華々しくデビューした。隣りの車とは、もちろんカローラのことを指していた。

だが、いったん広がった差は、縮まることはなかった。年間販売台数では常に三〜四万台負け続けた。葭森はこの後、トラック部門に移り、大衆車で雪辱する機会を失った。

情報戦

「日産は、サニーを売り出す前に負けていた」

そう証言するトヨタの元役員がいる。カローラを開発しているころ、トヨタ自販や自工の首脳は、日産の大衆車開発状況をかなりの確度でつかんでいたというのである。当時、トヨタ自工の技術担当役員のもとには、「情報報告書」という表題の極秘文書が定期的に届けられていた。それには、ライバルの日産を中心に、他社の新車開発状況や販売体制などの驚くべき情報が詳細に記してあった。

長谷川らがカローラの開発を急いでいた一九六四年十一月二十六日の「情報報告書」には、〈日産がパブリカ対抗車の部品納入を指示〉と記されていた。

系列会社に対して、パブリカ対抗車の部品を生産し、納入するよう指示した、というのである。さらに、大阪で日産の販売店が新設され、パブリカを売っていたトヨタ系列販売店の幹部がそこへ引き抜かれた、ともあった。

ライバル社の情報は、トヨタ自販が中心となって、関連企業や工場、販売店などから幅広く集められ、分析が加えられた後、役員や技術陣に届けられて、対応策が練られた。

約二十日後の十二月十五日付の「情報報告書」にも興味深い情報が盛られていた。報告書の一行目には〈日産自動車 八〇〇cc乗用車 本格的発売準備か〉とあった。〈十二月八日、日産自動車と、（関係会社の）愛知機械工業で緊急の合同首脳役員会が開かれた模様である〉

〈昭和四〇（一九六五）年四月目標で生産販売の体制の整備をする〉

〈自社開発の八〇〇ccエンジンを基本とし、愛知機械工業で生産する。但《ただ》し、材料はすべて日産負担〉

当初、カローラは一〇〇〇ccエンジンの搭載を目標にしていたから、情報通りに日産が八〇〇ccを目指していたとすれば、全く問題にならない。「しめしめ」とほくそ笑んだ技術者もいたが、幹部は、その情報がすべて正しいとは限らないことを知っていた。

油断はできない。情報を時系列的に並べ、日産が何を考え、どう対応しようとしているのか、そして開発、販売能力をつかむことに意味があるのだ。情報報告書には、日産の工場や部品を作る関係企業の生産能力や販売店会議の会議内容、そして、日産が岡三証券を通じて、名古屋に本社を置く愛知機械工業の株を大量に購入し、資本参加したこともちゃんと記してあった。

そして、ついにトヨタは、日産が八〇〇ccと並行して、サニーへとつながる一〇〇〇cc車の開発を検討していることをつかむ。サニーの宣伝が始まった当初、トヨタ技術陣がさほど驚かなかった理由はそこにもある。

六四年十二月十九日の情報報告書には、こうあった。

〈九月十日、日産の販売店会議の席上で、一〇〇〇ccと八〇〇ccの市販化について討議あり〉

この時には〈八〇〇cc市販で結論に達した〉と結果的に誤った情報が添えられていたものの、翌六五年三月十日の情報報告書は、日産がひそかに試作した大衆車の全容をすっぱ抜いていた。

それには、日産が七八九cc、七九三cc、八五〇cc、九八〇ccの四種類の大衆車を試作していたことや、その試作車の全長、全幅を始めとした機能が一覧表にして報告されていた。九八〇cc試作車とは、前述の一〇〇〇cc大衆車を意味している。

ただこつこつとモノづくりをしているだけではないのである。スマートな日産に対して、貪欲《どんよく》で格好をつけないトヨタは、あらゆる所から組織的に情報をかき集め、諜《ちょう》報戦《ほうせん》で優位に立っていた。

そのうえマスコミの操作にも長《た》けていた。カローラの発売に合わせて、サンデー毎日に情報を提供し、カラーグラビアと、「新車カローラの秘密」と題する七ページの内幕物語を掲載させている。この十一月六日号の表紙は、カローラの設計スタッフの写真である。

トヨタの元役員は「情報なくして、企業の進歩はありませんよ」とこともなげに言う。

「カローラの登場で日産技術陣が驚いたとしたら、そのほうがどうかしている。日産のカク秘設計図なんか見る必要もなかった。日本のメーカーだけでなく、トヨタは世界の企業の情報を集めています。スパイなんてもんじゃない。それは企業にとって当然のことだ。情報を取ったうえで、技術力の戦いがあるんです」

〝けんかコピー〟で売る

トヨタと日産の戦いは、あらゆる時代にすべての排気量の車において演じられた。カローラで大衆車商戦を制したトヨタが次に乗り越えるべき目標は、スポーツセダンの代名詞だった「日産スカイライン」であり、それを生み出した伝説的な技術者・桜井真一郎（現・エス・アンド・エスエンジニアリング社長）だった。

それに対抗してトヨタが送り出したのが、個性を重視した一四〇〇ccと一六〇〇ccのセリカだった。カローラの対極にある車だった。


「甘いっ。うちは本気になってけんかを吹っかけているんだ。素人《しろうと》じゃないんだから、生ぬるい言葉では許さん」

一九七九年初夏、東京・九段のトヨタ自販東京支社五階にあるプレゼンテーションルーム。電通の細川嘉弘（元情報開発部長）は、トヨタ自販販売拡張部長・西村晃の迫力に気圧《けお》された。マイナーチェンジを控えた二代目セリカのために作ったコピーはすべて蹴《け》られた。もっと挑発的にしろ、というのである。

トヨタは、総販売台数で国内トップを走っていた。しかし、ライバルの日産は、六八年発売の三代目スカイラインで、パートナーとドライブを楽しむ車というイメージを定着させていた。若いカップルが旅に出るストーリーの「愛のスカイライン」のCMが大ヒットしていた。さらに、「ケンとメリーのスカイライン」というキャッチコピーで、七二年に売り出した四代目は、一種の社会現象を巻き起こし、スポーツセダンのイメージで若者の心をとらえている。

「カローラはよく売れたが、熱狂的なブームは起きなかった」

カローラやセリカを担当するトヨタ自販車両第三部の大野信義は、スカイライン現象をうらやましく眺めていた。トヨタと日産は、「コロナVS.ブルーバード」「クラウンVS.セドリック、グロリア」「カローラVS.サニー」と競い合い、熱気のある時代だった。だが、スカイラインのブランドだけはどうにもならなかった。

セリカは、客がエンジンや内装、外装を自由に組み合わせて選ぶことができる日本初のフルチョイスシステムを採用し、七〇年十二月から発売された。出だしこそ、注目を浴びたが、長続きはしなかった。

「トヨタのスポーティーカーの花形はセリカだ。埋没してしまうのはどうしても避けたい。もう一度、若者の目を向けさせたい」

販売拡張部課長補佐の彦坂征男（現・広告コンサルタント）たちが考えた戦略は、スカイライン人気を逆手にとることだった。

「スカイラインに勝つつもりはない。スカイラインの力を借りて目立ちたい」

まず世の中の人に、スカイラインのライバルはセリカだ、ということを認識させることだ。セリカはツインカムエンジンを搭載している。同じ土俵に乗せれば、相対的にセリカが有利になる。

彦坂たちの熱望を受けて、細川が三つの案を持って出直してきた。

「どうしたらスカイラインのユーザーが悔しい思いをするか。セリカに乗る人がいい気持ちになれるか」

そんな思いを込めて、細川は作った。その中に、「名ばかりのGT達は、道をあける」があった。

名指しこそしないが、GT（Grand Touring Car＝長距離・高速走行用高性能車）と言えば、スカイラインという時代である。これを蹴散らすのが、本当のGTであるセリカというアピールだった。

欧米には、ナンバー2がナンバー1に挑戦する広告はよくある。有名なのは、米国のレンタカー会社のそれだ。ナンバー2を宣言したうえで、「だから、どこよりもサービスします。優れた仕事をします」とアピールするのだ。ナンバー2を逆手に取った広告である。

日本にも、ライバルよりも優れていることを強調する「挑戦広告」があった。トヨタが六六年九月、カローラを発表した時のコピーは「プラス一〇〇ccの余裕」だった。

相手を特定こそしていないが、ターゲットはだれの目にもわかっていた。その半年前に売り出され、大衆車市場を先行していた日産サニーである。その四年後、今度はサニーが「隣りのクルマが小さく見えます」と切り返す。トヨタと日産は、車の性能アップとともに、販売戦略でもデッドヒートを繰り広げた。

「お互いが話題にすることで、双方のプラスになると考えていた」

彦坂がこう振り返るカローラとサニーの時代の雰囲気は、セリカにはなかった。コピーを作る人間はどうしても自制心が働く、と細川は言う。そのことを伝えると、「それを忘れろ」と西村は言って、コピーを突っ返したのである。

「なりふり構わず、刺激的なコピーづくりに取り組んだのは、セリカが最初で、最後だった」

「名ばかり」は過激だと、細川自身も思っていた。だが、後にトヨタ東京カローラ会長を務めた西村の選んだのが、それだった。

「上品なトヨタがそこまでやるのか」。細川は内心うなった。

CMはF1の舞台であるモナコでも撮影し、GTらしさを演出した。下品にならないよう、そして、GTについて丁寧に語っていこうと心掛けた。

スカイラインを担当した商品開発室主管・桜井真一郎と、セリカの開発主査・和田明広（現・三菱重工取締役）は、正反対の技術者だった。

桜井は、「商品より作品を作りたい。他社の車を意識したことはない」と言い、売れた後に後悔した。一方の和田は、「売れる車がいい車。販売店がもうからなければ、申し訳ない気持ちになる」と明言する。

和田自身は、スカイラインをライバル視していなかった。素人《しろうと》には扱いにくい車との印象があり、「ジャンルが違う」と思っていたからだ。開発の際、頭にあったのは、米国のフォード・ムスタングだった。

桜井はあのコピーが販売戦略から出たことは分かっていた。エンジニアの我々とは違う土俵のけんかだ、と思った。しかし、当時の日産は排ガス規制で高性能エンジンを造っていなかった。スカイラインにターボを搭載するのは翌八〇年春である。もどかしい時期でもあった。

「名ばかりとは、よくぞ言ったな」とつぶやくしかなかった。

しのぎを削る販売現場の熱気は、技術者の思惑を超え、ライバルとの熾烈《しれつ》な攻防を演出した。

カローラの呪縛《じゅばく》

「販売のトヨタ」

ベストセラーを続けるカローラは、一方でトヨタに二つの呪縛をもたらした。

一つは、車そのものより販売の強さが成功の秘訣《ひけつ》と言われ、「技術の日産」に対して「販売のトヨタ」が定評となったことだ。

「合格点だけを目指した面白くない車づくり」とも言われた。カローラの初代主査・長谷川龍雄が掲げた「八十点プラスα主義」の八十点だけが独り歩きして世間に伝わった結果だった。それがもう一つの呪縛となった。

長谷川を継いだ佐々木紫郎は「八十点というネーミングがまずかったかもしれない」と語る。トヨタの技術陣は悔しい思いをしていた。岡田稔弘《としひろ》もその一人だった。

「大衆車メーカーというイメージが強くて、技術イメージでは日産にはっきり負けている。どうにかせにゃならん」

一九七〇年代、コロナやマークⅡで主査補佐を務めた岡田が、主査となり初めて提案したのが「今までの技術を超えた最高級スペシャルティーカー」だった。「満点か落第の二十点か」という個性を意識したソアラである。

カーレーサーになりたかった岡田は、走りの良さを特に意識した。念頭にあったのは、ベンツ、ＢＭＷ、ポルシェ、そして日産スカイラインだった。

「走行性とか操作性を参考にできるのは、国産ではスカイラインしかなかった」

岡田は日産の桜井真一郎に電話を入れた。

「三台のスカイラインを分解させてもらいました」

わざわざ連絡をしたのは先輩技術者に対する尊敬とソアラへの自信だった。桜井はこう答えた。

「ばらしたって、スカイラインの秘密は分からないよ」

それも技術者の自負だった。

八一年に発売されたソアラは評論家が選ぶ日本カー・オブ・ザ・イヤーを受賞し、「技術のトヨタ」という新たなイメージを印象づけた。「あれは売れないという車でも、トヨタは売り抜く」などと手厳しい言葉を吐く桜井にも、「いい車だ」と言わせた。

最大公約数の〝勲章〟

二〇〇〇年七月五日、静岡県裾野《すその》市のトヨタのテストコースを、発表前の新型カローラが時速百六十キロの猛スピードで走っていた。八十四歳になった長谷川が運転していた。

主査は、車の開発責任者を意味する。今はチーフエンジニアと名を変えた。カローラでは長谷川から吉田健（現・常務役員）まで歴代で六人となる。日を改めて、佐々木、揚妻《あげつま》文夫（元関東自動車工業相談役、死去）、斎藤明彦《あきひこ》（現・デンソー副会長）、本多孝康（現・アイシン機工副社長）の元主査も次々と乗り込んだ。全員が試乗するのは初めてだった。

一九六六年に誕生し、いま九代目のカローラは、技術者の好む車ではない。最大公約数を求めた車だった。

吉田の言葉を借りれば、「手元にある技術を精一杯多くの人に還元しよう」と作り続けて、それぞれの時代のカローラとなった。

長谷川は、こんなことも言っている。

〈これまでずっとカローラがナンバーワンを維持し、今のカローラ店の繁栄があるのは、二代目以降もよいスタッフがカローラの開発を担当してよい車をつくったということだけではないと思う。街の一等地を早めに買い、有利な場所にカローラ店があるという強みが大きかった。モータリゼーションがはっきりした一九六七年頃に、サニーの販売店の土地を日産が買おうとしたときには町外れの土地しかなかった。立地条件の良さ、利便性などお客様に対するイメージという面では、サニー店は永久にカローラ店に追い付けない〉（『トヨタをつくった技術者たち』トヨタ自動車株式会社）

「一七九A」は、長谷川ら技術陣の意地と、英二の決断、そして神谷ら販売現場の熱意によって、ベストセラーカーの命を吹き込まれたのだった。

カローラは今、十六の国、地域で作られ、百四十ヶ国余で販売されている。二〇〇二年の国内新車販売台数ランキングで、ホンダのフィットに年間首位の座を譲り、連続首位の記録は三十三年で途切れた。しかし、同じ年の世界販売台数は初めて百万台を突破した。世界での勢いは続いている。

吉田には小さな夢があった。姉妹車を含めたカローラシリーズの累計《るいけい》生産台数が三千万台を突破したら歴代主査たちで酒を酌《く》み交わすのである。二〇〇六年ごろだろう、と考えていたら、二〇〇五年五月には達成してしまった。

第四章 最速への挑戦

F1参戦を表明し、マシンに腰掛ける奥田社長【当時】（1999年1月21日、東京都内で）

解かれた「封印」

プロジェクト「X」

トヨタには「X」と呼ばれるプロジェクトがあった。F1（Formula One）参戦を正式表明する日に備えた極秘計画だった。高性能エンジンや車体の開発、スタッフの引き抜き……カローラを擁して大衆車商戦を勝ち抜いたトヨタは、世界二十七ヶ国から五百五十人を超す人材を集めて、究極の技術を競う。常に危機感を煽《あお》りながら成長を続け、今度は豊富な資金と多国籍部隊で、自動車レースの最高峰に立とうというのである。ただ、トヨタの技術陣は、夢のプロジェクトを動かす前に、豊田家の総帥《そうすい》たちによる封印を解かなければならなかった。

一九九七年の暮れだった。静岡県裾野《すその》市のトヨタ自動車東富士研究所に、当時社長だった奥田碩の車が乗り付けられた。東富士研究所は、トヨタのレース用マシン開発拠点である。

モータースポーツ部の幹部が緊張した顔で奥田を出迎えた。来訪が、「長年の夢」に対する回答を伝えるためであることを、一部の幹部は予感していた。

モータースポーツの頂点にあるF1に挑戦したい、との希望は、モータースポーツ部から何度も奥田に伝えられていた。実は半年前にも、奥田はぶらりと研究所を訪ねている。本当にF1をやりたいのか、それを確かめるためだったと、後でわかった。

モータースポーツは、レースとラリー、スポーツ行事の三つに大別される。トヨタは、世界ラリー選手権（WRC）と米国のカートの二つに参加し、さらに人気のあるルマン二十四時間耐久レースにも参戦してきた。WRCでは、九三年から二年連続でドライバーとメーカーのダブルタイトルを獲得するなど、モータースポーツの分野では、国内メーカーでもトップクラスの成果を誇ってきた。

ところが、国際自動車連盟（FIA）が公認するF1に関しては、歴代社長の豊田英二、豊田章一郎ともに「反対」だった。

F1は、タイヤが車体からむき出しのオープンホイールのマシンで、年間十六戦から十八戦を競う。それには毎年数百億円の予算が必要なのだ。

死と隣合わせの勝負を制したチャンピオンには、富と栄光が待っている。ドライバーは、A級ライセンスを必要とする「F3」、「F3000」の一段上のスーパーライセンスを求められ、ポイントによって、ドライバーとコンストラクター（レース車の製造業者）それぞれで年間チャンピオンが決まる。

大やけどから復帰したニキ・ラウダ（オーストリア）、巧みな戦術で「教授」の異名を取ったフランスのアラン・プロスト、歴代記録を次々と塗り替える現役最強のミハエル・シューマッハー（ドイツ）。彼らに混じって、九四年のレースで激突死した「音速の貴公子」アイルトン・セナ（ブラジル）のように、色褪《あ》せぬ伝説に縁取られた英雄もいる。彼らが命を賭《か》けるレース場には、各チームのメカニックと華やかなレースクイーンが彩《いろど》りを添え、一年中、マスコミの注目を浴びている。

だが、章一郎は「レースにのめり込むと、本業を忘れてしまう」と警鐘を鳴らしていた。「乾いたぞうきんを絞る」ようにして、わずか一円のコスト削減に汗をかく生産現場を大切にしてきた豊田家。その人々には、億単位の金がつぎ込まれたマシンが一瞬にして吹き飛ぶことのあるレースは、道楽とも見えた。

「F1に勝とうと思って、自動車会社を興《おこ》したわけではない」。章一郎はそうも言った。

WRCやカートには年間約百億円を投入してきた。ましてF1の場合は、年間三百億円近い投資が必要とされている。世界有数の巨大メーカーとなったトヨタでも、すべてをこなすのは無理だ。参戦の夢は封印されたままだった。

その歴史を、奥田が変えようというのである。研究所内で、モータースポーツ部の数人だけが参加した極秘の会議が始まった。体を少し前にかがめながら、奥田が口を開いた。

「お前たちがやりたいのだったら、F1をやってはどうか。おれが、そのことを言ってやろう」

その場にいたものは、奥田が、会長だった章一郎の了解を取り付けてくれるものと思った。最高幹部の口から「F1をやる」という意思が初めて示された瞬間だった。やがて参戦に向けてプロジェクトが動き出した。極秘だったから、プロジェクトは自然に「X」と呼ばれた。

その奥田が記者会見してF1参戦を正式に表明するのは、封印を解いてからほぼ一年後の九九年一月である。参戦決定は綿密な企業戦略に基づいていた。

バブル崩壊後の消費低迷はトヨタをも揺さぶっている。特に、若者の心をつかみ、ミニバンのオデッセイやステップワゴン、ライフなどヒット車を連発していたホンダの存在は、奥田の危機感をかき立てていた。ホンダは六四年からＦ１に挑戦し、世界の大舞台での活躍を通じて若者たちに格好良さをアピールすることに成功しているように見えた。

至福の時は終わった

九七年六月ごろ、東富士研究所に立ち寄った時、奥田は率直に問いかけた。

「ホンダに比べて、トヨタのユーザーは年配者ばかりだ。我々には危機感がある。このままでは、マーケティング上もユーザーの世代交代に、わがトヨタはついていけない。若い人の心をとらえるには、どうしたらいいだろう」

その場で奥田が触れなかったもう一つの事情がある。

トヨタはこの年の十二月、フランスに乗用車の組み立て工場を建設することを発表した。日本の自動車メーカーでは初めてのフランス進出である。日産、ホンダなどに比べ遅れがちだった欧州戦略を、一気に進める計画だった。

そのタイミングにあわせて、欧州ではサッカーに並ぶほど人気のＦ１に参戦し、トヨタの存在感をアピールできれば、欧州でわずか二％台しかないシェアの拡大にもつながる、との計算があった。

「トヨタは危機感を煽るのがうまい会社だ」と、ソニーの幹部は言う。「何も変えないことが最も悪いことだ」という奥田の言葉に象徴されるように、トップ自らが進化と「カイゼン（改善）」を促すことで業界首位の座を保ってきた。章一郎に「トヨタは一人勝ちですね」と水を向けると、たいてい「そんなことは言わんでくれ！」と怒ってみせる。

封印を解く際、奥田は、モータースポーツ部の幹部に参戦の条件を示した。

「F1は金がかかりすぎる。やるためには、いまやっているビッグレースは、みな撤退しなければならない。やめて、それから参戦しよう。そのためには、いま進めているレースには、全部勝たなければならない」

いずれも、これまでF1に反対してきた章一郎を説得するための材料だった。

奥田のゴーサインは、東富士研究所のスタッフたちや、ラリーを中心にレース活動をしていたヨーロッパ、カートに参戦したばかりの米国のスタッフらにも伝えられた。

不思議に歓喜の声は上がらなかった。東富士でレース用のV型八気筒エンジン開発を担当していた岡本高光は、幹部から奥田の言葉を聞かされた時、わくわくする一方で、これからまた、地獄が始まる、と思った。

「エンジンの開発を長年やっていれば、F1で戦うことのできるエンジンを造ることが、生半可じゃないことは分かっていた」

欧州でのレース活動の拠点となっていたドイツ・ケルンの現地法人「トヨタ・モータースポーツ有限会社」（TMG）の副社長だった松井誠（現・トヨタ自動車モータースポーツ部主査）も、「来るものが来た。大変なことになる」との思いが先に立った。

夢が目標に変わった瞬間、エンジニアの至福の時は終わっていたのである。

技術格差

二十二時間半までのトップ

「ギアボックスが壊れた。車が止まった」

一九九八年六月七日午後零時三十八分、フランス・ルマン市のサルテ・サーキットで、ヘッドホンにうめくような声が響いた。

欧州でのレース活動を担《にな》っていたＴＭＧ副社長の松井は、Ｆ１参戦をかけた勝負での敗北を知った。

この年のルマン二十四時間耐久レースに、トヨタは新鋭のＴＳ０２０三台を投入した。二台は脱落したが、残る一台が他を寄せ付けないスピードで周回を重ねていた。松井たちが落胆に包まれたのは、勝利まであと一時間半の時点だった。

「今やっているすべてのビッグレースに勝て」。奥田が九七年暮れに課したＦ１参戦の条件は、ルマンの関係者に重くのしかかっていた。八五年から参戦しながら、一度として勝ったことがなかったからだ。

勝利の一歩手前までいったことはある。九二年のルマンで、トヨタは新型車を持ち込み、過去最高の総合二位となった。

九三年型はさらに改良が加えられた。当時、第一エンジン部長で、後にTMG会長としてF1参戦の責任者となる冨田務は、優勝の自信があった。

不可能を可能にするのは夢にかける思いである。「世界一になる」と宣言して、夢を追求したホンダの創業者・本田宗一郎のように、冨田はトヨタで早くからF1を目指していた。

八二年、トヨタは英国のロータスと技術提携を結んでいる。表向きはスポーツカーの開発のためだったが、ロータスはF1の名門だ。トヨタで市販車用エンジンを担当していた冨田は、ロータスと組んで極秘のエンジン開発にあたった。

当時のことになると、冨田自身は言葉を濁す。しかし、トヨタのレース部門の幹部は「開発していたのは、F1マシン用の一・五リットル、六気筒のターボエンジンだった」と認める。

八六年、トヨタはロータスの株をGMに売却したため、開発は中断した。世界との大きな技術格差を痛感した記憶だけが残った。

さらにさかのぼれば、六八年にトヨタが国内レースに投入したトヨタ7も、エンジンはF1をにらんで設計されたと、「トヨタ40年史」にある。いつの時代にも、F1に夢をはせてきたエンジニアはいた。

その夢を引き継いだ冨田は九三年、妻をルマン観戦に誘っている。夫婦での海外旅行は初めてだった。きっと勝てると思っていた。

しかし、レースが始まると、トヨタ車は相次いで優勝争いから脱落していった。冨田はたまらず、レース中に帰国の途についた。プジョーが一―三位、トヨタは四―六位にとどまった。

九八年は勝負の年だった。トヨタは新体制で臨んでいた。九三年にトヨタの優勝を阻《はば》んだプジョーのマシンをデザインしたフランス人、アンドレ・デ・コルタンツを引き抜いて、監督に据えている。彼のデザインしたTS020の空力性能は他車を圧倒した。

TMG社長のオベ・アンダーソン（現・社外アドバイザー）も、これまでの完走狙《ねら》いから一変した。

「エンジンが壊れてもいい。とにかく速く走れ」

耐久レースに勝つには二つの方法がある。自信があれば、最初から最後まで短距離ランナーのように走りきればいい。逆に亀《かめ》に徹して、上位の脱落を待つ手もある。過酷なレースに、無傷のまま完走する車などないからだ。

しかし、トヨタが目指すF1に亀はいない。アンダーソンの決断は、F1に向けた限界への挑戦だったと、レースエンジン開発室長だった嵯峨《さが》宏英《こうえい》は証言する。その結果が二十二時間半までのトップだった。

そうは思っても、苦い敗戦には違いなかった。松井は泣けてしかたなかった。翌朝、ホテルで目を覚ますと、再び悔し涙がこみ上げてきた。

それでも奥田は、ルマン・チームの努力を評価し、九九年一月、記者団を前にF1参戦を表明した。

のちに冨田は、奥田に言われた。

「(F1へは) 補欠入学だったね」

〝心臓〟支える熟練の技

愛知県西三河地方に立地するトヨタ自動車の工場群。その一つ、三好《みよし》町の明知工場

第四生産技術部の工房から、F1の戦いは始まっていた。

マシンの心臓部である高出力エンジンは、静岡県裾野《すその》市の東富士研究所と、ドイツ・ケルンの現地法人TMGで設計されている。これに基づいて、エンジンブロックやシリンダーヘッドの木型をつくり、鋳込《いこ》むのが通称・第四生技部の仕事だ。量産エンジンと比べ、複雑で、しかも次々と改良の注文が入る。いかに設計図通りに型を削り込み、鋳造するかが問われる。設計図が同じでも、だれが木型を削ったかで、馬力が違ってくることさえあった。

モータースポーツ部レースエンジン開発室主査の岡本高光は、

「出来上がったシリンダーヘッドで、冷却水の通路の大きさが、たとえ一ミリ以下でも設計と違えば、エンジンが微妙に重たくなる」

と言う。スピードに影響し、レースでは致命的だ。米国で人気のレース、カートに参戦したころがそうだった。

カートはF1同様に、四輪が露出したマシンで戦う。サーキットは、楕円《だえん》の単純なコースが多いため、F1よりパワーが決め手だ。最高速度も四百キロ近くなる。ここでトヨタは、九六年から四年間、勝てなかった。

岡本はトヨタに入社早々、ホンダが世界に先駆けて開発した低公害エンジンCVC

Cの技術導入に携わることになったエンジニアである。ライバル社の技術を導入するということは、トヨタ技術陣の敗北を公《おおやけ》に認めたということだ。

悔しかった。「復讐心《ふくしゅうしん》に燃えた」ともいう。ホンダも参戦していたカートは、復讐の場にふさわしかったが、まるで勝負にならなかった。

九七年一月に着任した嵯峨宏英も、惨憺《さんたん》たる状況を目《ま》の当たりにする。エンジンは設計で狙った馬力が出ない。走行中、火を噴くこともあった。

「まともにマシンが走れない。少ない人数で何をやったらいいか分からない感じだった」

開発の方針さえ揺れ、他社を見習えと、横やりも入った。

嵯峨たちは、生産現場の技術に答えを求めた。二十年以上の熟練技術者たちが増員され、開発部門の期待にこたえるようになったのは、それからである。

さらに、ボルトの一本まで、だれが設計し、型を作り、鋳造して削り出したか、製造の履歴を管理することにした。今では全部品にカルテが整っている。レースで破損すれば、どの過程に問題があったのか、迅速に対応できるようになった。すべて、カートの敗北の中で培《つちか》われた。

初勝利は二〇〇〇年六月だった。以来、表彰台に上るようになった。要因の一つは、エンジンバルブの技術改良で、回転数を従来より四千回転以上、上げることに成功したからだ。

「カートの技術がＦ１の裏付けになる」と岡本は言う。今、さらに回転数を上げ、二万回転以上を目指す。Ｆ１のどのチームもまだ達成していない。

多国籍軍

日本人で初めて本格的なＦ１ドライバーとなった中嶋悟《なかじまさとる》が語る。

「Ｆ１は、飛行機が裏返しになって走っているようなものだ」

車体の前後に翼がつく。ただし、浮かび上がるためではない。タイヤをしっかりと大地に押さえつけ、駆動力をすべて路面に伝えるためだ。

空気抵抗と戦い、空気を利用するエアロダイナミクスは、勝利への最大の武器となる。各チームは翼の形状や角度に、独自の精巧な計算を盛り込んでいる。

しかし、それだけでは勝てない。より軽く、より強く、より低くという互いに矛盾しがちな要素のバランスを取り、その上で空力デザインをまとう。問題は調整役である。

「どの要素がどれだけ必要か、全体を見て判断できる、豊富な経験とひらめきを持つ人材は、トヨタにはいなかった」

岡本は、自前の技術の限界を率直に認めた。

トヨタが取った手法は、名門チームからのヘッドハンティングだった。

テストをこなした試作マシンのデザインは、フランス人で元プジョーのアンドレ・デ・コルタンツが手がけた。一九九八年のルマンに投入したＴＳ０２０をデザインした男である。

彼がチームワークを乱したとして解任された後、後任にはオーストリア人で元フェラーリのグスタフ・ブルナーが就いた。本番では、ブルナーが新たにデザインしたマシンが走った。

彼らだけではない。トヨタは世界から、Ｆ1を知るエンジニアを集めた。現地法人ＴＭＧのスタッフは、欧州を中心に二十七ヶ国の五百五十人にのぼった。工場は、Ｆ1のために約百四十億円かけて拡大された。

その中に、日本人は会長の冨田、副社長の小和田《こわだ》一郎（現・富士スピードウェイ常務）ら十五人弱にすぎなかった。工場内では、様々な言葉が飛び交い、いつしか公用語は英語になった。小和田はその雰囲気をＦ1界の国連だと言った。

しかし、「トヨタは金で挑もうとしている」との批判もある。

「世界最大の銀行の頭取になった気分はどうだい」と、ブルナーは外国人ジャーナリストに皮肉られた。これに対して冨田は、日本人、外国人という分け方や、日の丸万歳という考え方がもう古い、という。

「五輪のマラソンで勝った高橋尚子《なおこ》さんだって、練習はアメリカのコロラドでやり、本番直前にシドニーへ来た。日本人だからって、日本でばかり練習していて、突然、現地へ行って勝てるものじゃない」

トヨタは海外に工場を展開し、外国人従業員は、日本国内約七万人の二倍というグローバル企業だ。日本にこだわるより、現地の経験者に任せることが当たり前の世界に生きているという。

「ぼくらは多国籍軍だよ」と冨田は笑った。

勝者と敗者だけの世界

絆《きずな》を生かす松下戦略

企業のロゴが書き込まれるF1マシンの車体は、高価な広告塔である。世界のサーキットを転戦するレースは、毎回、世界百九十五ヶ国、平均五億三千万人がテレビ観戦しているという。

トヨタF1マシンの紅白の車体には、「Panasonic」が浮かび上がる。総合家電メーカーの松下電器産業が、トヨタのメーンスポンサーになった。松下側にF1にかかわろうとの計画はなかったが、引き受けることにしたのは、トヨタの誘いだったからだ。

「半世紀のお付き合いがある松下さんに、ぜひスポンサーになってほしかった」

二〇〇一年七月の記者会見で、トヨタ社長の張富士夫が強調した。その付き合いは一九五三年にさかのぼる。

この年、トヨタは松下に、カーラジオの雑音防止機を依頼した。以来、カーオーデイオ、カーナビなどを発注してきた。カーエアコンや、先端のハイブリッドカー用バッテリーを共同開発し、最近では事故時の緊急通報システム開発に協力しあった。

豊田喜一郎、松下幸之助という両社の創業者は、同じ一八九四年に生まれている。戦後、両社は存亡の危機に見舞われたが、モノづくりに徹した歴史や、創業家を求心力にした結束力、労使協調路線までそっくりだ。松下は毎朝、朝礼で社歌を歌い、企業理念を朗読する。トヨタでも、入社の時点から経営理念「豊田綱領」の刷り込みを受ける。

松下の宣伝担当副社長・杉山一彦《かずひこ》（現・同社客員）は、「トヨタさんとは感覚というか、肌合いが似ている」と言う。さらに絆を強めようと、F1でタッグを組んだ。スポンサー料は明らかにはしていない。しかし、年間三百億円近いと言われる投資額の一部を松下が担《にな》う。見返りを期待してのことだ。

確かな数字がある。かつてF1ドライバー・中嶋悟のスポンサーとなっていたセイコーエプソンは、中嶋が参戦した翌年の八八年から八九年にかけ、国内での認知度を五二％から七〇％に一気に上げ、売り上げは一七・三％も伸ばした。同社が調べた参戦効果だ。

「F1で勝ったら、ホンダ製の耕運機までも売れた。百五十億円の投資に対して、一千億円の効果があった」
八六、八七年にチャンピオンを獲得した元ホンダF1総監督の桜井淑敏《よしとし》の話である。究極の技術による戦い。勝者に与えられるものは、名誉だけにとどまらない。松下の計算は、シェアを伸ばしたいヨーロッパで知名度を上げることにある。
しかし、高い露出度ゆえに、「負け続けると、企業の人気は低下する。F1はギャンブルだ」と桜井は指摘する。

それでも松下が巨費を投じるのは、宣伝効果以外にも思惑があるからだ。松下社長の中村邦夫《くにお》は、「二十一世紀のモータリゼーションは、IT技術、エレクトロニクスが重要な役割を担う」と言っている。自動車のエレクトロニクス分野にさらに進出するため、トヨタは重要なパートナーだ。F1は、両社の次の半世紀へ向けての象徴でもある。

立ちはだかる先駆者

「日本一になろうなんて発想は、ホンダにはなかった。最初から世界一が目標だった」

桜井が語る。こうも言った。

「基本的なホンダの企業体質というのは、ほとんどレースが原点にある。ホンダが一番大切にしてきた『チャレンジングスピリット』とか、普通じゃできっこないものに挑戦していくとか。何に対しても妥協をしない、やる以上は世界最高のものを作ろうという精神です」

それは、九一年に八十四歳で亡《な》くなった本田宗一郎の哲学だった。

ホンダ社内ではよく、レースのことを、「技術者を屋根の上に放り上げておいて、はしごをはずし、その上に火をつける」と表現する。レース担当広報主任の松本総一郎の解説はこうだ。

「どうしても降りなくちゃいけないから必死に考える。そういう極限状態を作り出すのがレースなんです」

ホンダのF1参戦は、トヨタより三十八年も早く、六四年にさかのぼる。オートバイメーカーから、その前年に、軽四輪の製造に乗り出したばかりで、最高の技術への挑戦と勝利を目指した。

五四年に発表された宗一郎の有名な宣言文がある。

〈私の青年時代よりの夢は私の製作致しました自動車を以《もつ》て、全世界の自動車競争場

において覇者となることでございました〉

英国マン島のオートバイレース出場へ向けた決意表明にすでにF1が念頭にあった。しかし、ホンダのF1参戦は六八年に中断する。排ガス対策のために、低公害エンジン開発に人材を集中しなければならなかったからだ。

その中に二十代半ばの桜井もいた。夕方になると、研究室に宗一郎が来て、床に白墨でアイデアを書いていく。徹夜で設計図に落とし、翌日の昼までに完成する。テストをして、結果が出る夕方に、また宗一郎が来る。そんな日が八ヶ月続いた。

宗一郎の精神を引き継いだのは、二代目社長の河島喜好《きよし》だった。

「レースはホンダの企業文化だ」

彼の言葉がF1再挑戦へのGOサインとなった。八三年に始まる二期目は、エンジンの供給に絞られ、八四年からは桜井が総監督となった。桜井が勝利のキーワードとしたのは情報である。

走行中のマシンやエンジンの状況をセンサーが感知して、無線でピットに送る。今では当たり前となったシステムを考案した。さらに、衛星を介して、栃木県芳賀《はが》町にあるホンダの研究所へデータを飛ばした。レース中から問題点を洗い出し、次戦への改良に着手できた。

レースを終えるたび、日本に飛んで帰る桜井を、宗一郎が待ち構えていた。性能アップのため、自分のアイデアを語りたいからだった。

しかし、「おやじ」はすでに超えられていた。

「F1では、いいアイデアをもらったことは一度もない」

と桜井は言う。帰国の機中で、宗一郎をうならせるアイデアを考え抜いた。対案がないと、宗一郎の策をテストせざるを得ないからだ。

「その意味では、本田宗一郎の存在はものすごく大きかった」

宗一郎のF1への熱い思いを伝える有名なエピソードがある。

八六年、ホンダが初めてコンストラクターズチャンピオンを取ったF1最終戦、宗一郎がめずらしくオーストラリアまで観戦に来た。ドライバーズチャンピオンも余裕で獲得できると見られたレースだった。だが、二台のマシンのうち、一台はリタイア、もう一台はタイヤの交換で遅れ、ダブルタイトルを逃してしまった。

がっくりと肩を落とすチームとともに、日本料理店での打ち上げに参加した宗一郎は、挨拶《あいさつ》を求められ、座っていた上座から十五メートルほど歩いて一番下手に正座した。

「みんなありがとう」

手をついて、宗一郎は畳に額がつくほど深々と頭を下げた。

「このF1で世界一になるってことが、自分の生涯の夢でした。自分にはできなかったけど、若いみんなが自分の代わりに夢を成し遂げてくれた。本当にありがとう」

座は急に盛り上がり、チームのメンバーは宗一郎が座っているところへみんな寄っていき、車座になった。もちろん桜井もその輪の中にいた。

「もう、三年間、F1に集中していた苦労とかが全部すっとんじゃって、すごく感動したんだよね。それまで最終レースに負けた悔しさが空気を支配していたんだけど、みんなすごく明るくなっちゃった」

だが、三十分もすると、元気になって語り合うメンバーの姿を見ながら、宗一郎はぼそっと言った。

「でもさ、やっぱりさ、全部勝ちたいよな」

はっと一瞬、歓談は止《や》み、みんな口々に「わかりました」「全部勝ちます」と誓った。

翌年、ホンダはダブルタイトルを勝ち取った。

二期目のホンダがF1撤退を決めた九二年、日産は収益悪化の影響で、三位まで勝ち取っていたルマンからの撤退を決めた。これまで、F1参戦という夢が会社として語られたことはない。

数ある国際レースのマシン作りに携わり、日産の国際モータースポーツ担当ディレクターを務めた日置和夫が言う。

「F1はチャレンジングスピリットとよく言われるが、そういう意味で日産は保守的なのかもしれない。ホンダは、レース好きの本田宗一郎さんの精神を継いだ後継者たちがいる」

二〇〇〇年からホンダの三期目が始まっている。トヨタの前に立ちはだかるのは、平均三十歳そこそこの百七十人のエンジニアたちだ。いずれもホンダ生え抜きである。名門から引き抜き、効率よく勝利を目指すトヨタとは対照的だ。

しかも二期と同様、二、三年ごとにメンバーを入れ替える。「若い技術者を世界の舞台で育てるため」である。

勝ちに行く年

二〇〇二年のF1は三月のオーストラリア・グランプリから始まった。トヨタは、ミカ・サロ（フィンランド）、アラン・マクニッシュ（イギリス）という二人のドライバーで参戦した。

F1の各チームは、車体の専門メーカーに自動車メーカーがエンジンを供給する形態が多い。ホンダがそうだ。トヨタは車体、エンジンとも自前のフル参加方式をとる。負担は大きい。フル参加のフェラーリは二十年間勝てなかった。トヨタは勝てるのか。

「勝てない」

元ホンダF1チーム総監督の桜井淑敏の予想は厳しかった。究極の技術の戦いでは、相手との比較を考えていてはだめだ、という。

「ひたすら、理想に向かっていくしかない。われわれは理想の燃焼を求めてエンジンを造った」

これまでのトヨタに、そのような姿勢は見えないという。

TMG社長だったオベ・アンダーソンは、「最初の年に勝てるなんて思っていない。そこにいて競争できることが、まず大切だ」と語った。過去六度の年間チャンピオンを取ったホンダでさえ、二〇〇〇年からの第三期では、優勝にはまだ遠い。

そして、桜井の言葉の通り、F1の壁は厚かった。全十七戦で入賞は六位が二回だけで、チーム成績は最下位の九位だった。その後も成績は低迷し、「一年目は参加」「二年目は挑戦」「三年目の二〇〇四年は勝ちにいく年」という、ホップ・ステップ・

ジャンプの三年計画は大きく狂った。一方、二〇〇四年、ライバルのホンダ・エンジンを搭載したBARホンダは入賞を繰り返し、チーム成績を二位として、明暗を分けた。

しかし、車体やエンジンの技術革新が早く、開発に膨大な資金を必要とする現代のF1は、資本と技術力がある大メーカーでなければ勝てなくなってきている。

トヨタは開発からピットワークにまで、得意の「カイゼン」を持ち込んだり、空力デザインの専門家や、ヤルノ・トゥルーリ（イタリア）、ラルフ・シューマッハー（ドイツ）という実績のある二人のドライバーを引き抜いたりして、二〇〇五年のシーズンは高い戦闘力の最新型を投入した。

このため、第二戦のマレーシアGPで二位となり、F1参戦四年目、通算五十三レース目で初めて表彰台に上がった。この年はその後も好成績を上げ、結局、二位二回、三位三回となるなどして、チーム成績四位でシーズンを終了した。逆にBARホンダは六位に転落した。

二〇〇六年に向けて、トヨタは他チームに先駆けて最新型マシンを発表した。シーズンに入るまで十分な時間をとり、徹底的に走り込んでマシンを仕上げ、初勝利を目指す。

ホンダもＢＡＲを買収して、二〇〇六シーズンからは、トヨタと同様にホンダ単体での参戦となる。まさに日本の二大メーカーが直接、激突することになった。

世界の自動車メーカーは今、燃料電池車や電気自動車などの開発を巡り、しのぎを削っている。

Ｆ１はその先端にあって、技術者の夢をのみ込んだ過酷な技術競争の戦場だ。

そこには勝者と敗者しかいない。

第五章 労組という藩屏

張富士夫社長（上、前列右から5人目）と
東正元労組委員長（下、前列左から7人目）が顔を突き合わせる労使協議会
（2002年3月13日、トヨタ自動車本社で。トヨタ自動車労組提供）

「二十六万」力の構図

もう一人のトップ

冷然とした静けさを破って、神主の祝詞《のりと》が始まった。

二〇〇一年一月九日、愛知県豊田市のトヨタ自動車本社工場内に鎮座する豊興《ほうこう》神社。その本殿前に、会長の奥田碩と、トヨタ自動車労働組合委員長東《あずま》正元が並んで立っていた。少し離れた広場には役員と、組合三役ら約八十人が控えている。

豊興神社には、トヨタの守護神が祀《まつ》られている。一九三九年十一月二日に名古屋の熱田神宮などから御神体を迎え、その夜、松明《たいまつ》の光の中で鎮座祭が行われた。それから、この神社の前で会社の安泰や繁栄を祈る祭典や社員大運動会が毎年のように開かれてきた。

祝詞が終わり、パン、パンと一斉に柏手が響いた。労使そろって会社の繁栄を祈願する新年祭で、トヨタは二十一世紀を迎えた。

新年祭は、仕事始めに合わせたトヨタの重要な恒例行事である。二〇〇三年は、一月六日午前九時から約八十人を集めて開かれた。

十一月三日の創業記念日にも、束は本殿前に社長の張とともに立つ。巨大企業を社員の側から束ねる一方のトップは、労組委員長だからである。

日産労組を束ね、長きに渡って日本自動車産業労働組合（自動車労連）会長を務めた塩路《しおじ》一郎は一時、社長に比肩《ひけん》するほどの絶大な影響力を持っていた。「労働界のドン」と呼ばれた塩路ほどのカリスマ性はないが、トヨタ労組の委員長は、五万八千人の組合員を率い、年間五十億円の予算を握る。さらに関連会社を含めた全トヨタ労働組合連合会（全トヨタ労連）傘下《さんか》の二百八十四組合、二十六万八千人の中枢《ちゅうすう》にあって、いまや、春闘の相場作りまで担《にな》う存在でもある。

日本の就業人口は七千万人と言われるが、労働組合の組織率は二〇％に満たない。組合もない中小企業が多いのである。労使交渉のない彼らの賃上げは、これまで全日本金属産業労働組合協議会（金属労協）や連合が作り上げる「世間相場」に左右されることが多かった。現在、その相場を形成するのは、日本経団連会長に就いた奥田を代表取締役会長に戴《いただ》くトヨタと、束が指導するトヨタ労組の賃上げ交渉である。

そのトヨタ労組で、組合員に最も近くその意見を吸い上げるのが約四千四百人の職場委員だ。労組によっては「代議員」と呼ぶところもある。十人から十五人の組合員に一人の割合で選出される。職場委員長は、百五十七の職場に一人ずついて、後で触れる「労使協議会」に職場代表として傍聴することもできる。

その上部組織が約六百人の評議員から成る「評議会」である。大会に次ぐ決定機関だ。百人の組合員に一人の割合で選ばれており、職場委員長と兼務する評議員もいる。彼らの上に立つのが、組合専従の役員五十八人である。内訳は、執行委員が四十五人、局長が八人いて、書記長、三人の副委員長、そして三役の頂点に委員長がいる。執行委員は平均三、四年。三役まで務めると十年前後も職場を離れ、組合活動に専念することになる。

トヨタでは、休職して専従になることを「出向」と呼ぶ。賃金は労組から支払われるが、グループ会社や海外の関連会社などへ出向するのと、基本的には同じ扱いだ。

ちなみに、ライバル・日産の「全日産自動車労働組合」は、約五万人の組合員の一割が職場委員で、その上に「代議員」、「執行委員」、そしてトヨタの専従役員にあたる「常任委員」が八十五人いる。国内では第二位のメーカーとなったホンダの本田技研労働組合は約四万人の組合員に対して、専従役員は五十二人。本田労組のように、分散した工場や事業所に専従を配置しているところもあり、各労組の専従役員の数を単純比較できないが、本田労組に言わせると、トヨタの執行委員は約六万という組合員の数にしては少ない方だという。

トヨタ労組の歴史の中で、最も名を知られたのが、梅村志郎である。四一年四月に入社した養成工三期生で、トヨタがまだ自工と自販に分かれていた七一年から十一年もの間、全日本労働総同盟（同盟）系のトヨタ自工労組の委員長を務めている。豊田英二が社長だった時期とほぼ重なり、梅村はトヨタ争議経験者たちを協調路線でまとめた。

うるさ型の梅村と対峙《たいじ》したのが、英二と、彼を支えた三人の重役だった。ヒト（人事）の山本正男、かんばん方式を定着させた現場の大野耐一、カネ（経理）の花井正八である。大野はよく現場を絞りあげるので、梅村は文句を言いに行ったことがある。

「そんなに働かせるんだったら、もっと金を出せ」

すると、大野は傲然《ごうぜん》と反論した。

「おれは車を作るのが仕事だ。金を出すのは山本さんや花井さんだ。それを取ってくるのがお前の仕事だろ」

そうやって言い合える雰囲気があった。戦後間もないころに起きた、あの大争議のような苦しい思いはしたくない、という気持ちが双方の心の奥底にあった。

忘れられない光景が梅村にはある。七六年一月、名古屋市内のホテルで開催された組合創立三十周年記念パーティーでのことだ。

招待した社長の英二が「うちの組合がお世話になっています」と挨拶《あいさつ》しながら、来賓として出席していた他社の労組幹部たちの間を回っていた。英二が身内のように振る舞ってくれたのがうれしかった。

それだけではない。梅村の先輩で、争議当時の労組役員たちとも、英二はにこやかに談笑していた。

「社長がすごく感動していました。あんな英二さん、見たことがない」

梅村は、後で英二の秘書から、パーティー後の様子を聞かされた。労使双方に大きな傷を残した大争議から四半世紀余りたっても、英二の心の片隅には、そのことが気にかかっていたのだろう。大きく成長した労組の姿、当時の労組幹部とのこだわりのない対話に、気がかりがようやく氷解したのではないか、と梅村は思った。

大争議の爪痕《つめあと》

日本がまだ、敗戦から立ち直れないでいた一九五〇年、金融引き締め、補助金打ち切りを強行したいわゆるドッジラインで、全国の企業は閉鎖や人員整理を強いられた。トラックを造っても売れない。倒産の瀬戸際《せとぎわ》に、「人が財産」としてきたトヨタも、社員の二割に当たる千六百人もの人員整理を発表した。四六年にトヨタに労組が生まれて五年目の四月二十二日のことだった。

その四ヶ月前に会社と組合は「一割の賃下げを認める代わりに人員整理はしない。今後の賃金は所定日払いとする」と覚書を交わしていたから、組合側は猛反発した。座り込み、ハンスト、デモを繰り広げた。

「もともと家族的な関係にあった会社が『首を切る』と言い出したから、とても耐えられなかった。組合としては思想的な根はほとんどなかったよ」

と梅村は言う。

入社二年目で争議を経験した本社工場の元工務部長・原健一は、「つるし上げだ」といって、職場長が責任を追及される場面をよく見た。社員の家に配られた退職勧告状や要請状は組合によって回収され、焼却する炎が本社事務所前で上がった。争議が長期化するにつれ、養成工一期生らを中心とする「再建同志会」など組合を批判する勢力も生まれ、非難合戦が続いた。

約二ヶ月間続いた闘争は、二晩の徹夜交渉の末、六月九日朝、豊田喜一郎の社長辞任と引き換えに、組合が会社提案をのんで終息する。八千人の組合員のうち、千五百人が会社を去ることになった。最終的に辞めた組合員は二千人を超す。

喜一郎に代わって社長となった石田退三の自宅の土塀には、「東海一の首切り大将」と大書した張り紙が張られた。自宅の縁の下に入り込んで、会議を盗み聞きしようとする者もいたと、家族は証言している。拭《ぬぐ》いきれない疲弊感が残った。トヨタの歴史に語り継がれる労働争議である。

当時、トヨタ自工の人事部労働調査課に勤めていた作家の上坂冬子は、争議を題材にした『職場の群像』（中央公論社刊）を書いた。そのあとがきで、争議の模様について触れている。

〈(全国自動車産業労働組合委員長の益田哲夫）氏の演壇をとり巻いた五千人の人々がまさに水を打ったように静まりかえって耳を傾けていたのを昨日のことのように思い出す。組合活動は示唆《しさ》に富み、私たちにとって生への〝息吹《いぶ》き〟であったし、指導幹部の頭は柔かで彼らの演説は〝詩〟であった。

日本の労働運動にもそんな時代があったのである〉

〈ところでトヨタの首切り反対闘争を解決したのは、朝鮮動乱である。昭和二十五年六月二十五日は朝鮮半島の人々の運命を狂わせたが、日本民族にとっても重大な転換点であった。（中略）

時を同じくしてトヨタは朝鮮向け特需を受注してみるみる活気づいた。鍛造工場の機械が轟音《ごうおん》を立てて回転し始め、鋳物《いもの》工場では火花が飛び散ることとなった。人間が運命に振りまわされるように企業もまた運命に振りまわされるものだということを痛感せざるを得ない。努力や丹精とは無関係に道が開ける時があるものだ〉

〈全自動車労組の大闘争は、戦後日本の注目を集めたうねりであったが、会社側との妥協をいち早く示したのはトヨタの労組であった。私の判断ではこれが今日のトヨタをあらしめた一因でもあると思う。益田哲夫委員長の出身母体であった日産自動車は都市に本社をもつ企業である。その労組がイデオロギーに殉じている間隙《かんげき》をねらうかのように、農村をバックとするトヨタ労組は現実に立ち戻って闘争を終結し、これがのちの実利にむすびついたように思われてならない。

先祖代々の土地を受け、孫子の代まで離れぬ土着の人々をかかえたトヨタ自動車は、土着の人々のもつ強味と弱味とをあまねく労務管理に吸収して日本のトップ企業としての栄光を獲得したのではないか〉

ライバルの日産は、四九年の人員整理をめぐる労使紛争の後も、五〇年の賃上げ闘争、自動車業界の「総資本対総労働の対決」と言われた五三年の「百日闘争」と、労使が激しい対立を繰り返した。特に特需景気が過ぎ、深刻な不況の中で起きた「百日闘争」は、生産停止や工場閉鎖という事態にまで発展した。

やがて、先鋭的だった日産の労組「全日本自動車産業労働組合日産分会」は主導権を失い、五五年には二十九組合九千人で自動車労連が結成される。長い紛争がもたらした後遺症はその後も続き、それがトヨタと日産の差をさらに広げていった。

地方権力としての労組

大争議以来、トヨタのトップは、何より組合を気遣うようになる。組合対策を誤れば、会社が揺らぎ、創業家といえども地位を追われかねないからだ。

トヨタ労組は、全トヨタ労連とともに、衆議院に同労組元副委員長の伊藤英成《いとうえいせい》（政界引退）、参議院に直嶋《なおしま》正行（比例）と、国会に二人の民主党議員を送り出している。

二人は全トヨタ労連の顧問で、伊藤はトヨタ労組の、直嶋は自動車総連の顧問を兼ねている。さらに、全トヨタ労連は愛知県議会にも労連顧問である四人の県議を、そして市・町議会にも多数の労組出身議員を、それぞれ送り込んでいる。

次頁の表は、全トヨタ労連とトヨタ関連企業出身議員の一覧表（二〇〇二年末時点）だ。国会議員二人、県議四人に加え、豊田市を中心に、二十四市・町議会に四十九人のトヨタ系の地方議員がいる。絶大な地方権力である。

衆議院議員選挙が中選挙区だった時代は、定数四人の愛知四区で、トヨタ労組が伊藤（当時は民社党）を、トヨタ幹部や管理職が自民党候補の元科学技術庁長官・浦野烋《やす》興《おき》を推し、二人とも当選していた。

ところが、小選挙区比例代表並立制が導入された九六年十月の衆院選では、豊田市は愛知十一区となり、一議員の枠をこの二人が戦うことになった。選挙戦は、トヨタ関連の下請け会社まで巻き込み、過熱した。浦野によると、形勢不利と見た自民党幹事長の加藤紘一《こういち》は、終盤、トヨタ本社に乗り込んで浦野にテコ入れするよう要請したが、労組の組織力が勝っていた。浦野の応援をしてくれるはずの自民党の豊田市議が、それも何人も選挙事務所に顔を見せなかった。

伊藤　一二三、四〇四票

浦野　八五、七六六票

2002年末現在

参議院議員（1名）
直嶋正行　比例　民主党　自動車総連顧問、全トヨタ労連顧問

碧南市議会（2名）	
中川卓士　アイシン精機 新川工場安全管理課	竹内広治　トヨタ自動車 衣浦工場工務部総務G
東海市議会（2名）	
山口　清　愛知製鋼　総務·人事部	菅沼敏雄　愛知製鋼　総務·人事部
大府市議会（2名）	
神谷治男　愛三工業労組	大山尚雄　豊田自動織機　長草工場相談室
高浜市議会（1名）	宮田克弥　豊田自動織機　高浜工場相談室
知多市議会（1名）	南澤君義　愛知製鋼　総務·人事部
日進市議会（1名）	折原由浩　豊精密工業　日進工場
稲沢市議会（1名）	柴山孝之　豊田合成労組
藤岡町議会（2名）	
若松敏郎　トヨタ自動車 元町工場	水野紀光　アイシン化工労組
田原町議会（2名）	
椿 実治郎　トヨタ自動車　田原工場工務部	松見　清　トヨタ自動車　田原工場工務部
三好町議会（1名）	坂口　卓　トヨタ自動車労組
幸田町議会（1名）	成瀬克己　デンソー労組
音羽町議会（1名）	牧野敏雄　東海理化　音羽工場
東浦町議会（1名）	齋　吉男　豊田自動織機　長草工場相談室

【静岡県】

裾野市議会（2名）	
瀧本敏幸　トヨタ自動車労組	芹澤邦敏　関東自動車工業 東富士工場管理部工場管理室
湖西市議会（1名）	池田好郎　アスモ労組

【神奈川県】

横須賀市議会（1名）	森　義隆　関東自動車工業　総務部

トヨタ系議員（全トヨタ労連調べ）

衆議院議員（1名）
伊藤英成　愛知11区　民主党　元トヨタ労組副委員長、全トヨタ労連顧問

【愛知県】

県議会（4名）	
片桐清高　全トヨタ労連顧問	住田宗男　全トヨタ労連顧問
河瀬敏春　全トヨタ労連顧問	浜崎利生　全トヨタ労連顧問
豊田市議会（9名）	
八木三郎　トヨタ自動車　堤工場工務部	太田之朗　トヨタ自動車労組
中村紘和　トヨタ自動車　総務部企画室	中村　晋　トヨタ自動車労組
鈴木伸介　アラコ労組	山内健二　トヨタ自動車労組
花井勝義　アイシン労組	田中建三　トヨタ自動車労組
湯浅利衛　トヨタ自動車　元町工場工務部	
刈谷市議会（7名）	
田島一彦　トヨタ車体労組	清水幸夫　豊田自動織機労組 相談室
大長雅美　アイシン精機 さわやかふれあいセンター	犬飼博樹　デンソー労組
沖野温志　豊田工機 人事部厚生G	山田修司　豊田紡織労組
安部周一　デンソー労組	
岡崎市議会（4名）	
清水克美　豊田工機 岡崎工場総務室	太田俊昭　トヨタ自動車労組
内藤　誠　デンソー労組	竹下寅生　フタバ産業労組
西尾市議会（1名）	深津博也　デンソー労組
豊橋市議会（1名）	北西義男　トヨタ自動車労組
豊川市議会（1名）	福島司郎　東海理化 音羽工場工務部
知立市議会（1名）	村上直規　トヨタ車体労組
安城市議会（3名）	
都築光哉　アイシン精機 安城工場	土屋修美　デンソー労組
小林　保　アイシンエイダブリュ本社	

浦野の大敗だった。以来、愛知十一区は、伊藤が連続当選している。

ただ、伊藤は元トヨタ労組副委員長ではあるものの、労組一辺倒の議員というわけではない。会社側とも近い距離にある。民主党副代表だった伊藤自身が語る。

「議員になって心配してくれたのは、花井さん（正八・元トヨタ自工会長）であり、豊田英二さんであり、章一郎さんでしたね」

労組に担《かつ》ぎ出されたのも、トヨタ自工米国事務所のナンバー2である総務部長をしているころだった。既に非組合員である。

「選挙に出るつもりはないので、話をつぶしてもらえないか」とトヨタ本社の労務担当役員に電話すると、「俺の出来ることなら何でもする。だがね、これは会社トップが了承している話だ。だから何もできないよ」と言われたという。

豊田市の元総務部長・山田金正は「ここは労組に支配されている異常な市と言っていい」と口を尖《とが》らせた。市職員OBで作る「豊田市豊友会」名誉会長でもある。

「トヨタ、特に労組に逆らったら選挙は難しい。ここでは四千票あれば当選するんだよ。だからよっぽど強い地盤がある者でない限り、トヨタ労組を味方につけようとする。今じゃ、四十人（現在は合併特例により四十七人）の市議会議員のうち、トヨタグループの社員が十人近くもいるんですよ。そのほとんどは組合です。一般の市民とトヨタの社員では生活様式も違うのに、一般の意見が通らなくなってしまった。トヨタ以外の市民がものを言おうとしても、会社や労組側から反対されると通らない体制ができあがってしまっている。おかしな話だ」

地元政界にも強い力を持つ労組に対して、奥田は二〇〇一年一月の組合創立五十五周年記念式典で配慮を見せた。招待された奥田はすでに別のスケジュールで埋まっており、当初、会社からの返事は欠席だった。ところが、後になって急遽《きゅうきょ》、出席に変わった。

「組合の行事と知って、奥田自身が日程を調整してくれたのだ」と、書記長だった村井隆介は嬉《うれ》しそうに話す。

トヨタには、「洋上セミナー」という行事がある。社長当時の豊田章一郎も夫婦で参加した。表向きは職場のリーダーたちと会社役員が船上で共同生活し、交流を深めることが目的とされた。

「実は組合対策だったんです。会社には当時三十四ぐらいの階層別の集まりがあって、その代表を参加させました。寮の自治会長、職場の工長、班長など、自分の将来も考えている人ばかりだから、人事の人とも仲良くなっていたほうがいい、という腹のある人ばかり、自分の将来も保証されるという期待もあるからこそ参加するわけで、利害が一致していました。会社のためなら、一肌脱いでやろうという人たちをつくりたかったんです。海の上は開放的になるから仲間になる。そこにいた連中はほとんど会社側につくようになりました。『何で、船なんかに乗らなくちゃいけないんだ』と最初、反対していた役員たちも後で賛成に回りました」

当時の労務担当者の証言である。その後も経営側は労使協調のためのさまざまな〝仕掛け〟を凝らしていく。

トヨタでは、十一月三日の創業記念日に、在職死亡した従業員を豊興神社に祀り、家族も招いて慰霊祭を行っている。豊田家が重んじる「祭礼」と重なる。

「組合の人は元気でやっているか。いつも無理を聞いてもらって感謝しているよ」

英二、章一郎、達郎は組合幹部と会うと、真っ先にこう声をかける。

豊田家もまた従業員を大切にしていることを強調し、それをトヨタの強さにつなげようとしているかのようだ。

百億円は眠り続ける

トヨタ町一番地

トヨタ町の由来を調べてくれた豊田市広報課の職員が驚いていた。

「トヨタ町って六六八番まで枝番があるんですねえ。トヨタのある一番地しかないと思っていましたが……」

どこまで歩いても一番地が続くからだろう。

「一番地以外は、道路とかごちゃごちゃしてましてねえ、とにかくトヨタ町のほとんどが一番地じゃないでしょうか」

そんなトヨタ城下町の中心地を歩いた。

トヨタの大番頭・石田退三が、トヨタの誇るべき精神が凝集している、とした場所である。

四階建ての本社は、役員応接室に至るまで拍子抜けするほど簡素だった。二〇〇五年二月、ようやく隣接地に十五階建ての新本社ビルが建設され、訪問者を当惑させることもなくなった。創業者の豊田喜一郎の銅像を挟んで、本社ビルの向かいに技術本部、西側には本社工場が、愛知環状鉄道の三河豊田駅を背にして広がっている。東に歩くと、巨大な駐車場、トヨタ会館、トヨタ記念病院、独身寮、社宅が次々と現れてきた。

トヨタがこの豊田市内に保有する敷地は九百万平方メートルに上る。あまりに広いので、社内の移動のためだけに自前の循環バスを走らせている。

トヨタは、国内十二の自社工場すべてを愛知県内に置き、そのうち七工場は豊田市、残りも西隣の三好《みよし》町や近隣の市町に配置している。豊田市の調査では、市内の製造業で働く約八万八千人のうち、八割以上がトヨタや部品工場など自動車関連会社の社員だ。

トヨタの社名を冠した建物が豊田市にはあふれている。トヨタ会館、トヨタ鞍《くら》ケ池記念館、トヨタ記念病院、トヨタスポーツセンター、トヨタ生活協同組合……。いずれも、トヨタ自動車グループが、社員の福利厚生などのために作った施設である。市民にも開放されているそれらは、病院から葬祭場まであって、生まれてから生涯を閉じるまで不自由しない規模の施設群だ。

トヨタ会館は、トヨタ町一番地の本社敷地内にあって、見学施設やレストラン、社員クラブなどを備えている。創業時からの歴史を辿《たど》ることができるトヨタ鞍ヶ池記念館とともに、小、中学校や団体の見学コースに組み入れられている。

トヨタ記念病院に隣接するのが老人保健施設「ジョイステイ」。施設を運営する「トヨタ自動車健康保険組合」は、二〇〇三年一月末現在で三十四事業主・団体、約十九万五千人が加入している。国内有数の健保組合である。

トヨタスポーツセンターには、名古屋グランパスエイトのクラブハウスと練習場もある。

市民生活に溶け込んでいるのは、「メグリア」の愛称を持つトヨタ生活協同組合である。二十一店舗を抱えるほか、ガソリンスタンドや介護用品の販売・レンタル店、葬祭場、本・CDレンタル店なども経営している。名鉄豊田市駅前の百貨店「そごう」は集客に苦しみ、二〇〇〇年十二月に撤退したが、その一因は、トヨタ生協が客を集めすぎるためだ、とも言われた。ちなみに、二〇〇二年五月には同じ駅前の「豊田サティ」が撤退し、その跡地にはトヨタ生協が入った。

トヨタの名前こそついていないが、トヨタ関連施設は他にもある。最も豪華なのは、本社から車で十分のところに広がる「フォレスタヒルズ」。「ホテルフォレスタ」から、レストラン、スポーツクラブ、ウォーターパーク、室内テニスコート、パターゴルフ場まで備え、結婚式を開くこともできる。そこを訪れたソニーの幹部社員をうらやましがらせた総合余暇施設である。

もともとは城下町である。

養蚕業が盛んだったころから、「ころも」と呼ばれ、「衣」とも「挙母」とも記されていたが、一六八一（天和元）年にこの地に封を受けた本多長門守忠利《ながとのかみただとし》によって、「挙母」と統一された。一八九二（明治二十五）年の町制施行で挙母町（一九五一年から挙母市）としてスタートしたが、四十六年後、一面の桑畑だったところにトヨタが誘致運動を受けて進出すると、町は企業城下町として一変した。養蚕業が衰退し、米の暴落もあって、「破れ挙母」と揶揄《やゆ》されるほど、地元産業が低迷していた頃だった。

やがて、トヨタとの関係を強固なものにするという理由で、当時の市長や商工業者らは「挙母市」の名前を捨て、「豊田市」と変えてしまった。トヨタとその関連企業に、雇用と税収を頼って生きていくというのである。

松下電器グループが集まる大阪府門真《かどま》市、日立製作所の出発点である茨城県日立市、新日鉄釜石《かまいし》製鉄所がある岩手県釜石市、マツダと関連企業の税収で潤《うるお》う広島県安芸《あき》郡府中町……巨大工場と盛衰をともにする企業城下町は全国各地にあって、それほど珍しくはない。自治体が町の名に企業名を冠したケースも少ないがある。

ダイハツ工業本社は、大阪府池田市ダイハツ町一番一号にあるが、これは池田市の神田町と北今在家町にまたがっていた本社敷地を、「ダイハツ町」に変えたのである。「スバル」のブランドで知られる富士重工業群馬製作所本工場の所在地は、群馬県太田市スバル町一番一号だ。こちらは、企業との一体感を醸成するため、二〇〇一年十月に「東本町一〇番一号」にあたる工場敷地五十四・二ヘクタールを、スバル町一番一号に町名変更している。

だが、自治体の名前そのものを企業名に変えてしまったところは、この豊田市以外にはない。おまけに町名まで「トヨタ町」で、広大な本社敷地全体がトヨタ町一番地である。

ちなみに、釜石は先に地名があってそこに製鉄所ができ、日立の場合は、地名を冠して企業が興《おこ》されている。

ただし、豊田市の場合は、町を二分する大論争を経なければならなかった。市名変更問題の発端は、五八年一月、推進派の挙母商工会議所が提出した請願書である。土建業者の市議会副議長らが後押しした。

変更の理屈は単純で明快だった。

「トヨタ自動車の更なる発展が挙母市を発展させるのだから、その宣伝のためにも挙母市を豊田市に変更することが適切であり、今後のまちづくりはトヨタとともに進める以外にない」というのだった。挙母市が読みづらいことや、市名変更によって、トヨタ本社の移転を防ぐことも理由として挙げられていた。

豊田市の五十周年記念誌『新・豊田物語』は、「一蓮托生《いちれんたくしょう》」という言葉まで使っている。

これに対して、挙母市初代市長だった渡辺釟吉《はちきち》を中心とする反対派は「千数百年も前から続いた挙母の名を守れ」と訴えて、徹底抗戦に出た。

「渡辺さんは旧挙母藩の御殿医を先祖に持ち、代々続く医者の名家でしてね、伝統があり、愛着のある名を一企業のためになぜ変えなければならないのか、というわけですよ。既に、市議会にはトヨタの社員たちが五、六人いまして、市議会の選挙はトヨタが決めるといわれていましたから、渡辺さんの取り巻きや地元出身の議員は、名を取るか、実（トヨタ）を取るか、苦しい判断だったでしょう。市職員は市の名前は変える必要がないという人が多かった。私もそうでしたが、トヨタの関係からおおっぴらには言えませんでしたね」

豊田市議会事務局長から市民部長、総務部長を経験した山田金正の述懐である。

市議会が名称変更条例を可決すると、反対派は変更反対総決起大会を開き、市長解職、市議会解散を求めるリコール署名運動へと転じた。

後に豊田市商工課長などを務めた田中正雄は、上司に付いて各区の説明会に回った。

「古事記にも載っている由緒《ゆいしょ》ある名前だぞ。町を売るなあッ」

「何で一企業に合わせなくてはいけないのか。説明してみろ」

どこに行っても、怒鳴り声と罵詈雑言《ばりぞうごん》が飛び交った。

「古事記にも『許呂母』として載っている、そんな名前を変えるなんてね、ここで生まれ育った挙母っ子が賛成するはずはない」

田中はそう思っていたが、どちらかと言えば賛成派だったから、ひたすらご意見拝聴という態度だった。

そんな誹謗《ひぼう》中傷合戦、そして、訴訟の果てに、両派の候補が立った市長選を賛成派が僅差《きんさ》で制した。こうして、挙母の名はついに歴史の中に消えた。

前述した五十年市誌は、「私たちが手に入れたもの」という見出しを付け、市名変更の結末をこう締めくくっている。

〈それから既に四十年が経過した。当時、論争に参加した人々も、また静観した人々も、世界の自動車メーカーとなったトヨタ自動車と、愛知県第三位の都市に成長した豊田市の今日を見て、どのような感慨を抱くのだろうか。

国際化時代となった昨今、海外へ出掛けた折りなどに、日本でもっとも知名度の高い都市と問えば、首都である東京をさしおいて、あるいは愛知県の県庁所在地をさしおいて、豊田市の名が挙がることが多い、という。賛否はともかく、私たちは、日本でもっとも知名度の高い都市の市民となったのである〉

挙母市当時、十万一千人だった市の人口は、町村合併もあって約四倍の四十一万一千四百人余に膨れ上がった。トヨタの成長に合わせてさらに成長した組織がある。創立時の八千人から七・三倍の五万八千人に組合員が増えたトヨタ労組である。

トヨタ労組は、自らを会社を動かす車の両輪の一つに例えながら、市当局のように、「一蓮托生」とは言わない。「相互信頼、相互責任」という言葉を代わりに使っている。

その言葉が本物なのか、労使は毎年春になると試される。

労使トップ懇談

「二人きりで、ぜひもう一度、お話しさせて下さい」

労組委員長の東は、社長の張富士夫にこう声をかけられた。二〇〇二年三月十三日、春闘で「ベアゼロ」の会社回答を受け取った直後だった。

トヨタでは、豊田市の本社三階で開かれる労使協議会が、春闘交渉の場となる。仕切りを取り払った34、35、36会議室に、社長を始め会社側が百人、労組側二百人が向かい合って座る。午前九時からの交渉で、会社側は「ベアゼロ」を回答し、労組側の再考要求でいったん休憩を挟んだものの、会社回答は変わらなかった。組合評議会は残っているものの、その場で、委員長が最終回答を受け取ると、事実上の決着である。

回答を受け取ると、続いて労使トップで懇談するのが、慣例となっている。春闘を振り返り、お互いが「ご苦労さん」と、ねぎらうのだ。

前年の二〇〇一年は定昇相当分六千五百円に加え、ベア千百円の計七千六百円を回答している。その時は、当然のことながら、張の表情に硬さはなかった。会社を取り巻く経済環境などを述べた上で、張は、「委員長、回答を出すに当たって、いろいろ申し上げたが、全部ひっくるめて、まあこんな風ですわ」と少し笑顔を見せた。ベースアップに応《こた》え、組合の顔を立てた安堵感《あんどかん》があったかもしれない。口調は滑らかだった。東も職場の実態などを話し、その場の空気は和んでいた。

しかし、翌二〇〇二年の張の表情は、交渉中と同じく引きつっていた。東も顔をこわばらせたまま、本社二階の役員応接室に入った。

「今回は本当に組合員に辛《つら》い思いをさせたけれども皆さんのためになるということを考え抜いた揚げ句の決断でした。委員長、これだけはぜひ、私の真意として伝えたい」

張は東に深々と頭を下げて、続けた。

「辛い思いをさせて申し訳ない。間違っても、皆さんの気持ちや頑張りを否定したわけでは絶対にない。それは痛いほどわかります。何とかして応えたいという気持ちに何ら変わりはないけれども、今回の判断、これは会社として間違いのない判断です」

つい先ほど終えたばかりの労使協議会での言葉を繰り返した。裏も表もないのだということを強調したかったのだろう。

この日は、日産自動車も春闘の山場を迎えていた。大幅なリストラと徹底した合理化によって、業績はようやく回復したが、トヨタやホンダには大きく水をあけられている。しかし、提携したルノーから送り込まれた社長のカルロス・ゴーンは、組合の要求通り、ベースアップ一千円の満額回答をした。

トヨタや日産も加入している約八百万人の巨大組織・連合会長の笹森《ささもり》清は皮肉混じりに言った。

「労使関係を大切にする日本的経営を日本人経営者が否定し、外国人の経営者が大切にした」

それから二週間後、本社から一キロ離れたトヨタ労組の組合会館五階ホールで、評議会が開かれた。「ベアゼロ」を含む会社回答を認めるかどうか、最終的に決めようというのである。といっても、執行部はすでに回答を受け入れる方針を固めていた。土壇場《どたんば》の評議会で回答拒否となれば、執行部は総辞職をするしかない。

組合会館は、「カバハウス」と呼ばれている。鉄筋コンクリート五階建ての丸みを帯びた建物である。年間予算が五十億円を超すトヨタ労組が総工費約六十億円をかけて完成させた。鈍重そうだが、いざという時は機敏に動き、頼りがいのあるカバのように親しまれたいと名付けられている。東以下、五十八人の専従役員はここに詰めていた。

「一体、どういう頑張りが賃上げにつながるのか」

「これ以上、会社は何をせよというのか」

批判に加え、職場で上がった声を紹介する評議員もいた。

「なぜ、回答を受けたのか。闘争資金は何のためにあるのか、といった意見が寄せられました」

「闘争資金」とは、トヨタ労組がストライキに備え、組合費の五％を積み立てたもので、常時百億円を蓄えている。十日間のストを打っても、組合員五万八千人の賃金をまかなうことができる。人口二万五千人前後の小都市の一般会計予算に匹敵する金額である。しかし、創業者の豊田喜一郎の首まで飛んだ一九五〇年の大争議以来、一度も手をつけたことがない。スト権を確立したことすらないのである。

「トヨタが回答を遅らせると、組合だけでなく、日本全体の賃金決定業務を止め、企業活動を停滞させることになります」

当時、副委員長の相原康伸（現・全トヨタ労連事務局長）の説明には、リーダー労組の苦渋がにじんでいる。東や当時書記長だった村井隆介は、「賃上げ闘争ではストは打てない」と考えていた。「うちの会社は一人勝ちなのに、何でベアゼロなんだ」とか、「組合は何をやってるんだ」という不満が現場にあることはよく承知していた。

しかし、ストを含む労働争議は、七四年の九千五百八十一件をピークに減少し、二〇〇〇年は三百五件にとどまっている。特に、トヨタで伝家の宝刀を抜くときは、深刻な雇用問題が起きた時のことだ、と東は言う。

「そうなれば労使双方とも血まみれにならざるを得ないですよ。大争議の時には、千六百人の退職者と引き換えに経営陣が総退陣して腹を切りましたからね。抜いたらそこまでやるしかないんですよ。それほど困窮しているわけでもない今、ベアゼロ回答だからといってストを打って、世論の支持を得られるのか。賃金問題が社会的に認められる大義となるのですかね」

では、「経営陣と対等に話すための武器」と東が語るその百億円は、今年も労働金庫に眠ったままなのか――。職場の声は、会社に押される組合への痛烈な批判だった。

「ベアゼロ」の秘密

リーダー労使の決断

日本の労組は、これまでベースアップがあることを前提に、その上げ幅を巡って労使が攻防を繰り広げてきた。

トヨタの賃金制度は、年齢が一つ上がると、平均六千五百円の定期昇給がある仕組みになっている。労組は、この定昇相当分に、百円でも二百円でも上積みしなければ、賃上げとは言わない。二〇〇二年春闘では、その賃上げ分として千円のベースアップと、定昇相当分を合わせた計七千五百円の昇給を求めた。

二〇〇一年は、ベアが千百円、定昇が六千五百円で、計七千六百円で妥結している。二〇〇二年春闘はそれよりも抑えた要求で、一歩も引けないはずだった。二〇〇二年三月期連結決算で、経常利益が日本企業として初めて一兆円を突破したトヨタは、続く四—六月の四半期連結決算も過去最高の四千四百九十九億円を記録している。それほど、業績は右肩上がりなのに、張ら経営側は一時金こそ組合の要求通り、過去最高の二百二十万円を満額回答したものの、ベアには応じないというのだった。

相原康伸が会社側発言の趣旨を説明して言った。

「雇用問題ならまだしも、トヨタの賃金問題が社会的に認められるか。今回の焦点は、日本のモノづくりと雇用を守るため、リーダー労使として、賃金水準を上げるべきではないというメッセージを社会に発することだ」

それは、財界トップの座に就いた奥田碩の主張である。奥田はことあるごとに、「世界的な水準から見て日本の人件費は高すぎる。この不況の下、高コスト体質を改善しない限り、日本企業の国際競争力はさらに低下する」と言ってきた。

日本経団連の調査では、二〇〇一年の製造業における時間当たりの賃金は、日本の従業員が一〇〇とすれば、米国は九三、ドイツは七六だ。欧米との技術競争だけでなく、日本の人件費の三十分の一と言われる中国の追い上げも激しい。賃上げは、年金や退職金の増加につながり、後年度の負担増につながっていく。国際競争力を維持・強化すべき時期に、企業実績を賃上げに反映していくのはリスクが大きすぎる。ベースアップはせずに、業績の良かった分は賞与に反映させればいいではないかと、奥田はいうのである。

評議会では、七人が質問に立った。これまでなら、質問に立つのは一人か二人、いない時もあった。それが、今回は一時間半に及んだ。採決の結果、執行部の妥結提案を賛成六百十八、反対ゼロ、保留九で可決した。

賃上げは六千五百円の定期昇給分にとどまり、闘争資金は、二〇〇二年もまた労働金庫に眠ったままとなった。

「組合はかつて、他社と比較して賃上げを迫ったが、最近は逆転しているから、そのことは言わない。組合もよくわかっていますよ」

当時、労務担当だった木下光男は自信を持っていた。トヨタの賃金水準は業界トップである。

しかし、トヨタの労使をよく知る梅村志郎は、少し違う意見を持っている。

「春闘にあたって、会社側は、張社長と荒木隆司副社長、木下常務（いずれも当時）の三人で事実上、方針を決め、奥田会長の合意を得て進めている。四人の間では、最初からベアゼロでいくと決まっていたのだろう。ところが、組合はベアは出ると踏んでいたのではないか。マスコミ報道も揺れ、あんな決着になったのは、組合も会社の真意を知らされていなかったのだと思う。最初からベアゼロであれば、組合も春闘で転換点ということをもっと強調すべきだったのに、それができなかった。たまたまこういう時代状況なので転換点になったなどと、理由と格好をつけたが、行き当たりばったりの春闘だったように映る」

連合会長の笹森清は、リーダー労使が及ぼした影響の大きさを悔しがった。

「一企業の業績や労使関係をはるかに超えて、トヨタの労使はいわば、日本株式会社の立場で交渉していた。ところが、あんな結果に終わり、あのトヨタでさえベアゼロなのだから、ということがほかの経営者からも異口同音に言われて悪用されていった。残念でならない」

日本経団連がまとめた調査結果によると、二〇〇二年春闘でベアゼロに終わった企業は、回答した二百六十社のうち、九〇・八％の二百三十六社に上った。

トヨタは二〇〇二年九月二十五日、全社員に特別一時金を支給した。組合員五万円、管理職八万円。労使の相互理解と信頼を目的に締結した「労使宣言」の調印四十周年を記念して、というのが支給の理由だが、「好業績は賃上げとは別の形で報いる」という奥田の方針に沿った特別支給だった。

奥田は「二〇〇二年春闘は九十点」と満足した様子だった。デフレ春闘はこうして、「ベースアップは論外」という強気の奥田ら経営陣が労組を押し切り、完勝した。それは「毎年、定期昇給とベアを組み合わせて賃金を底上げし、長期的な生活向上を図る」という春闘方式が、明らかな転換点を迎えたことを印象づけた。

二〇〇二年の春闘妥結から四ヶ月後、トヨタ労組は豊田市内の研修施設で、来期の運動方針をめぐって勉強会を開いていた。翌二〇〇三年の春闘もテーマに上った。

「いつ、いかなる時代であっても、労働組合は必ずベアを要求すべきだろうか。ちょっと違うんじゃないか」

「今の経済環境で、果たしてベアを要求すべきだろうか」

委員から声が上がった。右肩上がりの時代が終わった今、従来のように賃上げ一辺倒の春闘でいいのか、職場の改善など、賃上げよりも重要な要求があるのではないか、というのである。

むろん、「われわれの働きにはベアで応えるべきだ」というこれまでの考え方も根強かったが、その場の雰囲気は、「ベアなし要求」派、従来型、そして、「今の時点では、まだ判断できない」の大きく三つに分かれた。

ベアゼロを受け入れたトヨタ労組では、「ベアゼロを前提にした要求」ですらタブーでなくなっていた。

それから半年過ぎた二〇〇三年一月七日、トヨタ労組は、二〇〇三年春闘でベア要求自体を見送ることを決め、発表した。トヨタ労組は、春闘のリード役から降りることで、「賃上げ春闘」と、年功序列を基本にした日本的な賃金システムの終焉《しゅうえん》を告げたのだった。

トヨタ労組が要求したのは、定期昇給分として前年同様の六千五百円のほか、成果配分として年間一人平均六万円の別枠である。六万円はあくまで暫定《ざんてい》的な措置だから、二〇〇四年度以降の組合員の年収や退職金には反映されない。恒常的な賃金の底上げにつながらない点では、一時金の一種に過ぎない。

「産業全体としてベアゼロが多い中、自動車が頑張らなければならないのは事実だ。だが、要求を勝ち取るためには、組合全体が一丸となることが不可欠だが、組合員の中にも、この社会環境の中で、ベアを要求することが本当に良いことなのか、という声も大きい。残念ながら組合の意見が割れたまま、ベアを要求することはできない」

記者会見する東の表情は最後まで硬く、厳しかった。

組合批判票たった一％

その記者会見から半年さかのぼった二〇〇二年七月十二日に、東は組合役員選挙で再選された。今回は対立候補がなく、信任投票だった。

委員長選の常連だった元町工場車体部の若月忠夫が立候補しなかったからである。正確に言えば、立候補できなかったのだ。

若月は、この二十五年間、二年に一度実施される委員長選挙に毎回のように立候補してきた。前回の二〇〇〇年の選挙では、若月は組合員の四・五％にあたる二千六百三十六票を集めている。

「今回の選挙は、アンチ・ベアゼロという組合員の世論が示されるはずだったんだよ。労使馴《な》れ合いの執行部を牽制《けんせい》する機会になると思ったんだが、選挙制度に阻《はば》まれた」

トヨタ自動車労組の委員長選挙に立候補するには、前述した組合の評議会の推薦を受けるか、自ら組合員五十人の支持者の署名を集めて立つかのいずれかである。前者を「評議会推薦」、後者を「自薦」と呼んでいる。

もともとは自由に立候補できたのである。

ところが、一九七一年の選挙で、反主流派の候補が六千三百五十九票を集めると、翌年、五十人規定が設けられた。

これで、立候補の条件は格段に厳しくなった。反主流派の推薦者に名前を連ねるということは、「会社に不満がある」と表明することになるからだ。立候補にこうした条件を付ける組合は少なく、本田技研労組は「立候補は本人の意思のみ」で、全日産労組は「推薦制度はなく、立候補はだれでもできる」という。

若月は、二〇〇二年の選挙で、四十七人に署名してもらったものの、あと三人がどうしても集まらず、選挙の土俵に上がることさえできなかった。

組合員にはもっと不満があるはずだ、と思っている。支持者集めが足枷《あしかせ》になって、自分は選挙に出られないし、不満も表面化しないのだと思う。

若月は六人きょうだいの五番目、戦後のベビーブームである一九四七年に生まれた。山形の県立高校を卒業し、いざなぎ景気が始まった六五年、三千二百人の高卒者とともに、トヨタに入社した。現在、日本共産党西三河支部に所属している。

「選挙以前に支持書を提出させるというのは、自薦候補者を立候補させないようにするためのものですよ。あらかじめ会社経営サイドに批判的な人を見つけだせるようになっている。署名によって誰が私の主義主張に賛同したのか、経営側がつかめるようでは、みんな署名しづらい。これがトヨタ労組選挙の最大の欠陥ですよ」

若月が最初に配属されたのは、豊田市の元町工場だった。残業が多く、安全管理もまだ十分ではなかった。

「七一年に職場委員に立候補して当選したんですが、それからすっかり睨《にら》まれてしまった。自分から立候補するのは珍しかったんです。三ヶ月後には配転させられまして、あれは職場委員を剝奪《はくだつ》しようということだったんでしょう。悔しかったです。それから職場委員には何回立候補したのか分からないが、受かったのはこの一回だけ。そこまで落ちて、立候補するのはなぜかって言うと、まあ、初志貫徹、職場環境がこのまじゃいかんということだね。トヨタ労組の歴代委員長は養成工を出た人が務めてきたが、昔から会社幹部とべったりだった。職場に目を光らせる斥候みたいなもんだ」

若月が言う「御用組合」の批判に、一方の東は「我々労使は支え合っている」と反論する。

その東の推薦を決めたのは、労組の職場委員長二十人でつくる「中央選考委員会」である。委員長ら役員候補者を選び、評議会にかける。その承認を得た者が役員選の土俵に上がる。これが「評議会推薦」である。二〇〇二年の中央選考委員会は、五月三十日に発足した。

「職場代表にふさわしい信望のある方にやってもらいたいから」と前労組企画広報局長の浜口誠。自薦に五十人の署名集めを求めるのもそのためだという。

中央選考委員会は、職場だけでなく、会社側からも人物像を聞く。

「会社は会社で、従業員の組合に対する評判を聞いているし、役員の評価もしている。そういうところをつき合わせていくわけです」と、書記長だった村井隆介が説明する。トヨタグループ傘下《さんか》の加盟労組の委員長たちからもリサーチする。

「総合的に判断するので、労組の言う通りにはならないし、会社の思う通りにもなりませんよ」

と東は強調する。現職の委員長に、再選はやめなさいと言う権利もある。推薦候補案が固まれば、会社側に「よろしいか」と事前の相談もする。二〇〇二年六月まで労務担当だった木下には、今回も候補者名が示された。

「これまでノーと言ったことはありません。選ばれるのは、職場でもできる人ですよ」

一ヶ月後の投票で、第四十九期の三役や局長、執行委員の五十八人が決まった。全員「評議会推薦」である。

投票結果は、八月二日発行の評議会ニュースで公表された。

東の信任票は五万六千二百二十票。不信任票は五百八十五票で、前回、若月が獲得した「執行部への批判票」より、はるかに少ない全体の一％だった。

「縦、横、斜め」絆《きずな》の網

社員を一人にさせない

春闘交渉の場となる「労使協議会」には、会社側が社長以下、役員、部長ら百人、労組側は総勢二百人が出席する。三つの会議室の仕切りを取り払って会場とし、そこへ労組執行部の後列に、各職場の職場委員長が傍聴人としてずらりと並び、労使交渉を見守るのが慣例だ。

多くの企業が、担当役員と労組の執行委員とで交渉するのに比べ、トヨタの交渉は大所帯である。大量の首切りで揺れた労働争議に懲《こ》りた会社が「従業員とひざを交えて話し合う場」と位置づけているからだ。

（あの時、酒を飲んだ顔だな）

二〇〇二年三月、労務担当として、二十回目の春闘交渉に臨んだ木下は、少し前に開かれた懇談会のことを思い起こしていた。

木下の目に、労組執行部の後ろに控える職場委員長の中に、何人かの見覚えのある顔が映っている。懇談会で酒を酌《く》み交わした相手である。

職場委員長の多くは、チーフエキスパート（CX）と呼ばれる現場の係長から選ばれている。CX級は約二千二百人。「CX会」という親睦《しんぼく》団体を組織し、つながりを深めている。

木下は、このCX会が月一回開く役員会に、毎回のように出席してきた。会が終わると、酒を酌み交わす。社員から本音を聞き出すのが目的である。

木下は「お互いに知っていることが、交渉の支えになっているね」と言う。「厳しい交渉であってもホッとするよ。今回も誠心誠意、話し合ったから（ベアゼロ回答に対して）ノーは言わないと確信していた」

CX会の発足は、終戦直後の一九四八年にさかのぼる。当時は「工技会」と称した。やがて「工長会」と改められ、九七年からこの名前に変わっている。

大争議が起きる前年の四九年には、「組長会」（その後SX＝シニアエキスパート＝会、八千人）が、五二年には班長（エキスパート）級を集めた「班長会」（その後EX＝エキスパート＝会、一万四千人）が組織される。「三層会」と呼ばれるこの三つの会の後、社内で「インフォーマルグループ」と呼ばれる親睦会が次々と組織されていった。その数は全部で十五に上った。

職制別の団体では、「三層会」に加え、総合職の部次長級社員による「部長会」、課長級の「幹《みき》の会」、係長級の「翔《しょう》の会」、技能職の管理職社員の「巧会」。これらの集まりは、「職制七会」と呼ばれている。残る八つは、豊田の一字を取り、「豊」の字を冠していた。こちらは学歴、出身別の会で、「豊八会」と総称される。職制七会が縦糸とすれば、豊八会は横糸ということになろう。

まず、技能者養成所（現・トヨタ工業学園）出身者による「豊養会」が七千人。高卒の定期入社組を集めた「豊生会」が二万四千人、大学・大学院卒業者の「豊進会」は三千七百人。中途入社者による「豊隆会」も九千三百人いた。

自衛隊出身者を集めた会もあった。千八百人の「豊栄会」である。そして、自動車整備学校卒業者による「整豊会」（五百二十人）や、高専卒業者の「豊泉会」（九百人）、短大卒業者の「豊輝会」（四百人）……これが「豊」の旗の下に集まる八つの会だ。

このほかにも、女性だけの会や寮生会、県人会、同窓会、そして文化系、体育系に分かれた同好会などがある。狭い地方都市にあって、社員は好むと好まざるとにかかわらず、縦糸と横糸、斜めの糸でつながっている。

ただ、「豊八会」については、「豊養会」（その後「翔養」と改称）を除いて、二〇〇二

社内団体（計15団体）

【1940年代】		
1948年	工技会→工長会→CX会（1997年～）	【CX級で構成】
1949年	組長会→SX会（1997年～）	【SX級で構成】
【1950年代】		
1952年	班長会→EX会（1997年～）	【EX級で構成】
1956年	豊養会	【トヨタ工業学園出身入社者で構成】
1958年	豊生会	【高卒正規入社者で構成】
	豊進会	【大卒・院卒入社者で構成】
【1960年代】		
1960年	豊隆会	【中途登用入社者で構成】
	部長会	【基幹職１・２級で構成】
	課長会→幹の会（1997年～）	【基幹職３級で構成】
	係長会→翔の会（2000年～）	【上級専門職で構成】
1962年	豊栄会	【自衛隊出身入社者で構成】
1965年	整豊会	【自動車整備学校卒入社者で構成】
1968年	豊泉会	【高専卒入社者で構成】
【1970年代】		
1970年	豊輝会	【短大卒入社者で構成】
【1990年代】		
1997年	巧　会	【技能職基幹職で構成】

会員数

［2002年1月1日現在］

職制七会	部長会	1,800名	CX会	2,200名
	幹の会	4,700名	翔の会	6,900名
	巧　会	350名	SX会	8,000名
			EX会	14,000名
豊　八　会	豊養会	7,000名	豊栄会	1,800名
	豊生会	24,000名	整豊会	520名
	豊進会	3,700名	豊泉会	900名
	豊隆会	9,300名	豊輝会	400名

年末までに順次、「発展的解散」をしたという。「期間従業員(期間工)や派遣社員が増えるなど、雇用形態が多様化してきた。その中で、出身別団体という枠が、時代に合わなくなって来たと判断した」というのが、トヨタの説明である。

この豊八会に代わって、トヨタが二〇〇二年一月から力を入れているのが、「HUREAI(触れ合い)活動」だ。これは、雇用形態や出身などに関係なく、職場単位の行事を通じて、社員間の縦、横、斜めのコミュニケーションを深め、「人間関係の輪の拡大を図る」のだという。

「息苦しく感じる時がある」と漏らす若い社員もいるが、その声は大きくはない。何十年も前にトヨタを辞めたのに、マスコミから取材を受けると、いまだに「会社を通してくれ」と言うような人の方が圧倒的に多いのである。

「人間は一人にしておくと、不満のはけ口をなくし、暴走する。社員を一人にさせないためだった。しかし、不満ばかりを言い合う団体では会社のためによくないので、意見を集約させるようにした。そうすると、団体としての規制機能が働くようになった」

労務経験のあるトヨタOBが社内団体づくりの狙《ねら》いを明かす。ホンダなどでも同好会はあるが、目的は従業員の福利厚生や職場のレクリエーションである。トヨタのそれが違うのは、初めから「労務管理」のひとつとして組織されたということだ。

会社のパンフレットには、社内団体の目的は次のように記されている。

〈会員相互の親睦を図り、自己啓発に努めるとともに会社発展に寄与する〉

社内団体を組織された順に並べてみると、会社が生産に欠くことの出来ない工場の中間管理職を手始めに、全社員に絆の網をかけていった様子が浮かび上がってくる。

「深刻な争議を経験した人たちが、これを二度と繰り返すまいとして、いろいろな仕組みを作ってくれた。僕らはそれを時代に合わせて着実に実行し、変えてきたんです」と木下は語る。

仕組みを作ったのは、大争議を経験して現在の人事・労務政策の土台を築いた元副社長の山本正男だとされている。会社発展のための仕組みだから、歴代の労務担当役員や人事部長、人事部で労務を担当する企画室の社員、各工場の人事担当者は、あらゆる社内団体への顔出しに年中奔走している。それぞれの社内団体が年一回開く総会には、副社長らも招かれる。

六四年から約九年間、人事部で教育訓練係を担当した松本忠助は懐《なつ》かしそうに言う。

「豊八会全体の運動会があって、それには社長も来ていました。それぞれの団体には、本部行事、支部行事、職場単位の行事といろいろあるんですが、インフォーマルと言いながら、運営費は会社が援助していました。『来賓で来てくれ』と会社を通じて、重役にお願いすると、必ず来てくれました」

トヨタを支える「人心掌握術」

人事部企画室ヒューマンリレーショングループ長だった吉野克裕は、二〇〇一年一月に初めて人事部に配属された。従業員の気持ちを把握するのが仕事である。

「LABOR RELATIONS（労使関係）を大切にしてほしい」

と、最初に木下から言われた。それは企画室の英訳でもあり、吉野の名刺の英語面にも、「LABOR RELATIONS」と印刷されている。

週末は社内団体の会合回りという日々が続いた。

「今度の制度では人を回しづらくて困る。何とかしてくれよ」

「工場の駐車場が狭くていつも混んでいる」

その場で出た要望や疑問をきちんとメモするのはもちろん、だれが言ったのか書き留めることも忘れない。週明けの月曜日には、電子メールで本人に回答するためだ。

飲んでも飲まれるな、が鉄則だが、ついつい飲まされてしまって意識を失い、上司にしかられたこともある。役員クラスはこれに他社との会合や接待も加わるから、毎夜、泥酔《でいすい》して玄関先で倒れ、運転手の手を借りる者も出る。あれが命を縮めたと言われる幹部もいるくらいだ。

「極めて泥臭いことの積み重ねが会社と従業員の絆を強め、トヨタ生産方式を作り上げた」

労使関係は、空気か水のような状態であるのが一番いい、と木下は言う。

「健康と一緒で、病気（争議）になってはじめてありがたさが分かるものだ。病気にならないように予防するには、ものすごく努力がいるんです」

木下が人事部労務課（現・企画室）に配属されたのは、ちょうど三十年前だった。出入りはあったが、二〇〇二年六月、労務担当を退いて田原工場長となるまで計二十年も労務にかかわった。

木下が愛用したのは、栄養ドリンクと胃薬だった。同僚らとのつきあいのほか、役員になってからは、社内団体との飲み会が年間八十回にも及んだからである。

「労使宣言」のＤＮＡ

生レタ労組、育テヨ増産

愛知県豊田市内のレストランで二〇〇二年五月十三日、トヨタ自動車労組の歴代委員長会議が開かれた。二十五人の中で健在なのは十人である。その席で、第二十三代委員長の小田桐勝巳が、東ら現役幹部に向かって怒っていた。

「会社と合同葬をやってもよかったんじゃないか」

連合愛知顧問でもある小田桐がやり玉に上げたのは、その前日、市内にあるトヨタ生協の葬祭施設「メグリアセレモニーホール」で営まれた初代委員長・江端寿男の葬儀のことである。

一九四六年一月十九日、トヨタ自動車コロモ労組が誕生した。豊田市が挙母町だったころである。トヨタ労組のスタートを告げる大集会には、旧海軍や陸軍の戦闘帽を被《かぶ》った労働者たちが集まった。

〈生レタ労組、育テヨ増産〉を旗印にした江端は三ヶ条を掲げた。

一、軍、資、財ノ三閥ヲ打倒シ、民主主義社会ノ建設

一、勤労者ハ労働組合ヲ基本トシ、友愛ト団結デ工場ヲ守リ、生キ抜ク

一、労働協約ノ締結ト、最低賃金制ノ確立、福利厚生施設ノ拡充ト、民生ノ安定ヲハカリ、以《モッ》テ労組ノ健全ナル発展ヲ期ス

江端は、労働協約第一号を締結したが、任期はわずか四ヶ月だった。亡《な》くなった時は、八十七歳。会社からは、花輪や弔電が届いていた。しかし、参列したのは人事部の部長級幹部一人だけだった。歴代委員長の中にも、江端の死去を知らされていない者がいた。

「トヨタは、労使とも歴史を大切にしてきたのではなかったか」と小田桐が語気を強めた。

葬儀の参列について、会社も組合も規約通りの対応だったと東は説明したが、初代の死が重く受け止められなかったことが小田桐にはショックだったのだ。

二千人以上の組合員が会社を去った労働争議から十二年後の六二年二月、当時のトヨタ自工と労組は、労使の相互理解と相互信頼を明言する「労使宣言」を発表した。

一、自動車産業の興隆を通じて、国民経済の発展に寄与する

二、労使関係は相互信頼を基盤とする

三、生産性の向上を通じ企業の繁栄と、労働条件の維持・改善をはかる

この三つの目標を労使双方が目指し、次のように宣言した。

〈われわれは、ここに自動車産業の公共的使命をさらに自覚し、目前に迫る自由化を有効適切な対策により乗り切り、日本の産業と国民経済の生々発展に協力し、日本のトヨタから世界のトヨタへ輝かしい栄光を獲得すべく、会社、組合ともに相たずさえて努力することを誓う〉

持ちかけたのは会社だった。経営危機から立ち直りつつあるものの、乗用車の貿易自由化が迫り、国際市場で新たな競争が始まろうとしていた。それには、社員の協力が必要だった。

「何としても日本の自動車産業を守り、従業員の生活の安定を図らねばならないという危機意識から生まれたものでしたね」

トヨタ自工労務課の係長として、宣言づくりに携わった元常務の坪井珍彦《うずひこ》は振り返る。当時の委員長・加藤和男は、争議で大きく減ってしまった退職金や諸手当の挽回《ばんかい》を目指していた。

「御用組合に成り下がるな」

宣言づくりを知った総評や産別組合の共産党系幹部らが、そう言って乗り込んできた。〈総資本対総労働の対決〉と称された三池争議から一年四ヶ月後のことである。安保闘争が空前の高揚をみせるなか、三井鉱山三池労組は全山無期限ストに突入し、やがて労組敗北のうちに解決したが、組合員が暴力団に刺殺されるところまで戦った労働界の余熱は冷めていなかった。

「あんたたちが死にもの狂いになるのもいいが、いま、苦しんでいる労働者をどう考えるのか。クビになった労働者に飯を食わせていけるのか」

と加藤たちは反論した。話にならない、と相手は帰ってしまった。

「宣言をして良かった。労使がけんかしなくてもよくなった」

加藤はそう言う。小田桐に言わせれば、この労使宣言も、痛みの歴史を労使ともに共有しているから生まれた。DNAと言ってもいい。それが今、ほころびかけているのではないか。江端の葬儀で感じた思いを、口にしないではいられなかった。

「あの決着の仕方は問題がある。社内で十分、コミュニケーションができていなかったのではないか」

第二十一代委員長の梅村志郎は、ベアゼロに終わったトヨタの二〇〇二年春闘が不満である。

「経営側は、奥田会長の経済団体のトップとしての立場を考慮してほしいならば、初めから組合に伝えておくべきだ。会社は組合を大切にしている、現場優先というが、本当はどうなのか。組合も結局、割を食った」

梅村は自分が委員長のころは、ある意味で楽だった、と言う。争議の経験者ばかりで、体と魂で苦しかった思いを感じ、絶対あんな風になってはいけない、と労使ともに思っていた。

梅村の委員長は十一年間に及んだ。その最後の二年間に書記長を務めたトヨタ常務の深津泰彦《やすひこ》（現・トヨタアドミニスタ社長）も、いい時期にやっていた、と言う。しかし、その理由は梅村と少し違う。

「僕らの時代は、トヨタにいて良かったと思える賃金を勝ち取ろうという、はっきりした目標があった。会社も成長し、労働条件も良くなっていく時代だった。今のリーダーは、二〇〇二年春闘に代表されるように目標を設定しにくくなって来ているから、非常に悩ましいと思いますね」

梅村には、総帥《そうすい》だった豊田英二とも何でも話し合ってきたという自負がある。ベアゼロ決着のようなことがたびたびあると、労使の信頼関係は崩れかねない、ともどかしそうだ。

江端の葬儀から一ヶ月後の六月十五日、東京都内で営まれた告別式で、参列者を驚かせることがあった。名誉会長の豊田章一郎が突然、顔を出したからだった。亡くなったのは、四九年四月に初のストを打った時の委員長・弓削誠である。名誉会長の参列は会社の「規定外」だった。

なぜ、突然やってきたのか、だれもわからなかったが、章一郎は、争議の痛みを聞かされている一人だった。労組の元委員長たちは、それを参列の理由と結びつけて、それぞれに納得した様子だった。

組合も職場、専従も昇格

常務だった深津は一九八四年八月、労組の書記長を終え、職場に戻るとすぐに課長になった。

トヨタでは、係長までが組合員資格を持っている。それ以上は「非組」。つまり会社側の非組合員だ。深津は生産管理部係長の時に、組合専従となったが、八年間の組合活動中も昇格し、すでに課長扱いになっていたのである。職場に復帰するなり、組合側から会社側へと転身したように見えるが、帰る前から既に管理職としての道が準備されていたことになる。

「書記長が帰ってくると聞いたから、よほど偉くなってくるかと思ったら、なんだ課長か」

冗談交じりの職場の声に迎えられた。

トヨタでは、深津のように昇格し管理職として職場復帰する専従役員も少なくない。そうなると、職場に戻ったとたんに非組合員である。管理職の一番下は、総合職では課長級、ラインではグループマネジャー（ＧＭ）級だが、最近は年齢を重ねて組合幹部となるケースが多く、さらに専従期間も長期化しているため、その一つ上の次長級ポストで職場に戻るケースも出てきている。

トヨタ労組では、委員長以下五十八人が専従役員だ。二〇〇二年の組合選挙では、当選した役員五十八人のうち十六人が新たに専従となり、会社は任期の始まった九月に辞令を出した。それには、〈組合専従を承認する〉とあった。

トヨタでは、休職して専従になることを「出向」と呼ぶことは前にも触れた。賃金は労組から支払われるが、一般社員と同様に、労組在籍中も昇格する。

「もし職場にいたら、同期や周りの人たちと比べてこんな感じだろう、と想定して昇格させる」

と、木下は昇格の判断基準を示している。労組側では、昇格といっても、不利にならない程度、と言う。

「そうでもしないと、かわいそうじゃないですか。組合で必死に働いても、職場にいないから昇進が遅れるのでは、だれが組合に来ますか」

委員長の東は「組合幹部として選ばれて来るのは、職場でも相当しっかりした人間だ。そのまま職場にいても、きちっと上がっていきますよ」と話す。深津は九八年、取締役になった。労組出身の役員は、最近では、書記長を務めた元副社長の上坂凱勇ら五人もいる。

しかし、組合幹部を辞めたとたんに管理職になることに矛盾は感じないのだろうか。

「外から見ますとね、この前まで敵対していた人が相手の陣営に行くのか、という感じがあるのかもしれませんが、うちの労使は喧嘩《けんか》しているわけじゃないから、あちらからこちらに来たって違和感はないですよ」

そして、深津は自分の左腕の腕章を付ける辺りを指差した。

「僕らには、八丈島帰りの二本線がある。会社に戻ろうが、どうなろうが、〈組合帰り〉のそれが残っていると、いつも言っている。この二本線は取れません。そういう意味では、この一家は連帯感がある。トヨタ労組という連帯感だけでなく、オールトヨタという連帯感があるんです」

トヨタのような例は他社にもある。鉄鋼、造船重機などの労組でも、組合専従の役員が職場復帰すると、部課長や子会社の社長になるといったケースは多い。

労働組合法では、使用者が労働者に対し、組合員であることを理由に不利益な取り扱いをすることを禁じており、労使は協約や慣例で、職場復帰時などの取り扱いを決めている。鉄鋼労連では「復帰後の人事に対し、組合員の目が厳しいのも事実だ。一、二年は現場で勤務し、その後、管理職へ昇格させる企業もある」といい、労使が状況に応じて、歩調を合わせていることを示唆《しさ》する。

しかし、ホンダや日産の労組では、専従となった当時の身分のまま職場に復帰する。

本田技研労組中央執行委員長の青山章は「うちの会社は、年次による人事管理がなく、同じ四十歳でも優秀ならば管理職になれるし、能力が不足すると判断されればなることができない。賃金にも差が出てくる。同期と比べてどうかという判断をすること自体が難しい。そこがトヨタと扱いの違いにもなっている」と言う。「あくまで、それぞれの労使の考え方次第だ」と語るのは、全日産労組中央執行委員長の高倉明（現・日産労連事務局長）だ。

これらの労組と違うところがトヨタにはもう一つある。労組で働く十二人の書記のことだ。トヨタの労働協約には〈書記は会社従業員または会社が特に認めた者〉とあり、書記となる社員は、利害が対立する会社から、定期異動で「組合配属」の辞令を受ける。

「会社が採用した人だから、人物的にいいということでしょう」と前労組企画広報局長の浜口誠。給料は労組が支払うというものの、トヨタでは、組合も職場の一つなのである。

トヨタ争議から半世紀、約五万八千人の組合員を抱える労組は、役員とともにトヨタと豊田家を守る藩屏《はんぺい》となっている。

「トヨタ語」としか言いようのない言葉が、トヨタ自動車にはある。そう言い出したのは、ソニーのエンジニアたちである。

例えば「号口《ごうぐち》」。トヨタの古い技術者に言わせると、試作品に対して、販売用の本製品を意味する言葉だ。最近では、「販売車両の生産」を指すという。「今度のモデルチェンジ車は、ようやく号口開始だ」などと使う。

生産ラインが流れ作業になる前は、車を百台のような単位でまとめて作っていた。「最初のひとかたまりを一号口、次を二号口。一号口というのは、第一号のかたまりといった意味だねえ」と、初代カローラを開発した元専務・長谷川龍雄は言う。

「面着」や「B資料」、「電技」というのも、トヨタ語にはある。面着は、直接顔を合わせることだ。「自宅研修であっても、一日一度は(職場に来るなりして)面着を心掛けるように」というのがトヨタ流。

B資料は、広報や営業担当者向けの比較的簡単な車両技術関係の資料、電技は「電子技術」である。トヨタでは、「技術管理部」を「技管部」といったように、直接的に省略する場合が多い。製造メーカーの言語らしく、ごつごつとしている。

実は、二十代の社員や女性もその言葉を使っている。

「（身近な）トヨタ語というのがあるんですよ」

エンジン設計を担当した大木佳恵《かえ》は、トヨタ語は生活の中にも入り込んでいる、と言う。一九七五年生まれ。両親や姉、夫もトヨタ社員というトヨタ一家の二世である。

「つまんないことなんですけど、『前回』っていうのを『先回』っていうとか、家具選ぶ時でも、ミリ単位で会話しちゃうとか、『このコーナーのアール（曲がり具合の意味）がいいよね』とか。『モノづくり』って言ってしまうのもそうだと思います」

漢字主流のトヨタ語があるなら、カタカナ語とアルファベットを多用する「ソニー語」もある。

典型例が「リアル（現実）」の反対の「サイバー」。「ネット上の」といった意味で、ソニーが得意とする「サイバービジネス」ではこの言葉が飛び交う。

ほかにも、「プレジデント」「CEO（最高経営責任者）」「COO（最高執行責任者）」「CRO（最高リスク管理責任者）」「ROE（株主資本利益率）」。

「ＣＲＭ」というのもある。カスタマー・リレーションシップ・マネジメント。つまり顧客と良好な関係を構築して、企業の利益を最大化しようという経営手法である。海外の工場を指す「カスタマー・フロント・センター」となるとついていける人もすくなくなる。ちなみに、「プレジデント」とは、ソニーの社内カンパニーの事業責任者のことで、社長ではない。普通の会社では、事業部長か、事業本部長というところだ。それを「プレジデント」と言うところが、いかにも分社化を進めるソニーらしい。

　豊田喜一郎、井深大という天才技術者を創業者に持つトヨタとソニー。昭和に創業し、モノづくりに徹して有数の世界企業となった両社の社史は、産業立国を目指してきたこの国の歴史と重なっているが、その企業文化は水と油ほどに異なっている。こうした異文化の企業が一緒に仕事をしたらどうなるのだろうか。

　一度だけだが、トヨタとソニーはコンセプトカーを共同で作ったことがある。二〇〇〇年のことだ。トヨタ会長の奥田碩とソニーＣＥＯ（当時）の出井《いでい》伸之《のぶゆき》の「一緒にやってみませんか」という雑談から始まっている。だが、最初は、企業文化の壁に双方のプライドがぶつかって、なかなかうまく進まなかった。

「車と人とのかかわりを変えていきたいと考えています。車を人のパートナーととらえ、人とともに成長する車を作りたいのです」

その年の春、十五人ほどのトヨタの技術陣を前に、試作車のコンセプトを説明したのは、ソニーの品田哲《あきら》である。名刺には「ソニー株式会社モーバイルネットワークカンパニーeビークルカンパニー1部NB担当部長」と恐ろしく長い肩書きが記されていた。

すると、トヨタ側の技術者はみんな首をかしげた。

「それはどういうことなんですか？」

色、形状、大きさ、概念をもっと具体的に、できれば数値化してほしい、というのだった。

「トヨタの技術者はメカ屋であり、板金屋です。まず、ビジュアライズすることにプライオリティを持っている。しかし、僕らがビジュアライズするのは最後なんです」

品田のソニー語を訳すと、トヨタは初めに視覚化、具体化ありき。これに対し、ソニーはまずイメージありきだ。イメージを膨らますことを大事にして、具体化するのは最後の段階である。良い意味で、いいかげんであることが、従来の発想を超えたソニー商品を生み出すと信じられている。

トヨタ側との議論はかみ合わず、品田は何度も説明を繰り返さなければならなかった。モノづくりに対する考え方が根本的に違うのである。

ソニーの代名詞となった商品に、ロボットのアイボがある。ソニーはそれがどれだけの需要に結びつくのか、どれだけの儲《もう》けにつながるのかはっきり分からないまま商品化し、ヒットにつなげた。

ソニーが二〇〇二年九月に発表した携帯型パソコン「バイオE・Q」は、広報担当者も説明に苦労する代物《しろもの》だった。あらかじめ自分の好みや趣味、予定を入力しておくと、外出先でも好きな店や道順を教えてくれる。自分で育てるパソコンだが、どんな使い方ができるのか、商品化されるまではっきりしなかった。明らかに役に立つものよりも、独創的で楽しいものを作ろうという雰囲気がソニーにはある。品田のソニー語はなかなか通じなかったが、いざ車作りとなると、トヨタは、その生真面目《きまじめ》さでソニーの技術陣を驚かせた。

共同製作するコンセプトカーは、次世代用の実験的な試作車で、近未来カーの概念を示す機能を備えていればいい。モーターショーなどの会場にはトラックで運ぶのだから、エンジンは必要なかった。

ソニー側はがらんどうの車で十分と考えていたが、トヨタの技術者は「走らないのは車ではない。エンジンが付いたちゃんと走れる車を作りたい」と主張した。不良個所があると、それをつぶすことにこだわった。二〇〇一年二月ごろからようやく製作段階に入ったが、手をかけすぎて、最後は徹夜に近い作業が続いた。

生真面目なトヨタスタイルは、仕事の手法にも現れる。トヨタの技術者は、会議のたびに必ず議事録を作成し、関係各所に回した。上司への報告も怠らなかった。

ソニーでは、よほどのことでなければ、議事録など作らないのである。上司の頭越しにプロジェクトが進むことも珍しくない。個性を尊重するということは、しばしば組織を無視し、企業統治を難しくする。このコンセプトカーのプロジェクトも、品田が直接、出井に会って、チームの会合に出席するよう頼んでいる。

プロジェクトの開始を告げるための集まりを、ソニーでは「キックオフ」と呼んでいる。朝令暮改どころか、朝令朝改というスピードで、くるくる方針や組織が変わっていくソニーにあって、プロジェクトが雲散霧消しないために、社内で立食形式の小さなパーティーを開き、会社のお墨付きを得ていることを社内に示すのである。部長クラスが自分で約束を取り付けてトップに会うぐらいだから、上司の頭越しに事を運ぶのは珍しいことではない。

「秘密保持」にも、トヨタは注意を払っていた。電子メールを流すにも、上司の許可を得なければならないのである。データや書類を持ち帰るのはもちろん厳禁だが、自由な雰囲気のソニーでは、その禁を破って自宅で仕事をする技術者が多く、会社が注意してもなかなか改まらない。

二〇〇一年十月、東京モーターショーでデビューしたコンセプトカーはもちろん、動いた。ソニー型発想の「成長する車」を、トヨタは見事に作り上げてみせた。「トヨタテクノクラフト」やアイシン精機などグループ企業の力を総動員したその車は、「ポッド（pod）」と名付けられた。英語で「豆のさや」。ドライバーを優しく包んで守るようにとの意味が込められている。

開発の責任者は「ファンカーゴ」などを開発した北川尚人《なおと》だった。一九七六年にトヨタに入社しているから、年次では品田の五年先輩である。第二開発センターチーフエンジニアを務めた北川は、トヨタのホームページに、一年半の挑戦をほんの少しだけ明かしている。

〈全く企業風土が異なるＳＯＮＹのスタッフと何度も合宿を行い、互いの意見をぶつけ合って、口には出来ないような苦労を重ねました。そして生まれた車は、本当にトヨタらしくない車だと思っています〉

ポッドは、ペットをイメージし、ドライバーとつき合ううちに、内蔵のコンピューターが好みや性格を覚え込んでいく。荒れた道路を何度も通れば乗り心地を軟らかく変化させ、カーブの多い道を何度も走ると、足回りが硬くなるように調整してくれる。ハンドルを、片手で操る操縦桿《かん》に替え、発汗センサーで心理状態の把握もする。「このドライバーは焦《あせ》っている」と感じれば、リラックスさせる音楽を自動的に流し、しっぽに見立てた後部のアンテナやヘッドライト、車体前面の色で感情も表現する。夢があふれる近未来の車だ。

「真面目な仕事の仕方というものを、トヨタから学びましたね。そして、強さの秘密も」

その気になれば、テレビぐらいはすぐに作ってしまうだろう膨大な技術の集積、徹底した検証力、トヨタ語という共通言語、秩序だった組織、危機感を煽《あお》りながら革新を呼び込んでいく手法、生まれてから生涯を閉じるまで不自由しない規模の施設群……。

東京から三百キロ以上も離れた〈愛知県豊田市トヨタ町一番地〉だからこそ、これだけの自動車王国を築くことができたのだ、と品田は思う。

この地には、トヨタの誇るべき精神が凝集している、と言ったのは、元トヨタ自工社長・石田退三である。自動車王国の大番頭だった彼は、「三河の田舎者《モン》」を自称し、それを誇りに思うとも書いている。

〈田舎者のええところといえば、なによりも純粋と勤勉とである。田舎者はひたすらに直進する。骨惜しみをしない。苦労をいとわぬ。しぶとくて、ガメつくて、欲が深くて、何事にも真っ正直である〉（『商魂八十年』）

その地に踏み込んだ品田は、夢の試作車を作り上げるまでの全工程を、デジタルカメラで記録した。いつか、ポッドが試作車から脱して動き出す日、それを本にして残したいと思っている。そこには、ソニーの独創性と、石田たちが誇りとしたトヨタの最強美点が刻み込まれている。

あとがき

新聞記事の〝値段〟をはじき出しているモニター会社が、東京にある。

朝夕刊に掲載された記事の行数や扱いの大きさをもとに、それが企業広告だったらどの程度の効果があるのか、あるいは、批判記事だったらどれほどのダメージになるのか、金額に換算して会員企業に教えてくれる。

このモニター会社の調査によると、読売、朝日、毎日、産経、日経の五つの全国紙が、一年間にトヨタ自動車について掲載した記事は、毎年四十五億円前後の広告価値があるという。二位にランクされている企業の二倍、年によっては三倍にもあたる金額である。

それほどまでに、新聞にはトヨタの記事があふれている。書店には、一人勝ちのトヨタの強さを分析した、いわゆる「トヨタ本」が山積みになっていて、雑誌の特集も絶えることがない。

だが、トヨタほど未知の企業はない、と私は思っていた。書かれていないことが多すぎるのではないか。それは、例えば、トヨタ社内で論じることが憚《はばか》られる「豊田家」についてであり、トヨタの政治力や代々の〝政界番〟についてであり、あるいは、藩屛《はんぺい》としての労組の実態であったり、全社員にかけられた〝絆《きずな》の網〟だったり、生産ラインの激務の青春だったりするのだろう。

書かれざる事実が多いのは、ひとつに、石田退三が〈大きな田舎といわれる名古屋の、そのまた田舎〉と書いた愛知県豊田市トヨタ町一番地に本拠地が置かれているためである。豊田佐吉翁《おう》以来、ジリジリと築き上げられてきたトヨタの最強美点、誇るべき精神の凝集がある、と石田が言うその地は、東京からも大阪からも取材するには遠く、地元記者には巨大過ぎる。

この地は、「三河」という閉鎖的な土地柄の上に築き上げられた、企業ムラ社会だ。それが、王国をさらに遠いものにしている。

トヨタが国内十二の自社工場すべてを、愛知県内に置いている事実はあまり知られていない。そのうち十工場は豊田市と西隣の三好町にあり、豊田市内の製造業で働く約八万八千人の八割以上がトヨタや部品工場など自動車関連会社の社員である。「父親も母親もトヨタ、姉も近所の人も友達もトヨタ社員」という一家があちこちにいる。

そして、豊田には、生まれてから死ぬまで、ほとんど不自由しないトヨタの施設群も用意されている。そこでインタビューを試みると、二十年前に辞めた元社員でさえ、こんな言い方をする。

「（トヨタの）広報を通じてくれ」

会社を去って後も、彼らの多くは企業社会の住民であり続ける。

二〇〇一年一月に、読売新聞中部本社（現・東京本社中部支社）の社会部長に赴任したのを機に、社会部次長の千田龍彦《たつひこ》（中部支社経済部長）、荒川盛也（中部支社社会部次長）、岡崎哲（東京本社政治部）、岩永直子（東京本社社会部）とともに、そんなトヨタの人々を訪ね歩いた。取材班には、後に中村紘子《ひろこ》や小林正道（四日市支局長）が加わり、トヨタと競う他社の技術者を含めて約三百人の証言を得た。

その証言をもとに、二〇〇一年五月から二〇〇二年十月にかけて、読売新聞の一面と社会面（中部支社発行）に長期連載「トヨタ伝――日本人は何を創《つく》ってきたか」を掲載した。本書は、私が中部支社を離れるまでに掲載した第六部までの内容に追加取材をして、大幅に加筆したものだ。なお、文中では敬称を省略した。引用させていただいた文献は、文中で明示したが、ほかにも、『キミは杉浦を見たか』（豊田市郷土資料館編）、『新世紀に向けて　50年のあゆみ』（トヨタ自動車労働組合）、『21世紀への道　日産自動車50年史』（日産自動車）、『湖西の生んだ偉人　豊田佐吉』（静岡県湖西市）などを参考にさせていただいた。

トヨタの取材は、第六部掲載後も続いた。グループ社員二十四万六千七百人、経常利益一兆千百三十五億円（二〇〇二年三月期連結決算）という自動車王国は、私たちが二年をかけても描ききれないほど巨大で、多彩な人物にあふれているということだろう。

トヨタの工場には、グリーンに白い文字で「よい品よい考《かんがえ》」と書かれた大垂れ幕が掲げられている。「にんべんのついた自働化」という言葉で表現されるトヨタ生産方式は、一人一人に「カイゼン（改善）」を求め、組織への献身を迫り続ける。そうした厳しい現場についても、解説めいたものを書こうと考えたが、膨大な証言メモを読み直してやめてしまった。現場に立つ工員ほど巧みな表現者はいないのである。本書に彼らの言葉を並べれば済むのだ。

トヨタは、豊田佐吉や喜一郎ら歴代経営者らの言葉を集めた小冊子『The Toyota Way』を作っているが、生産ラインを支えた工員らの言葉は、それらの名言に負けない熱と輝きに包まれている。

「指が一本吹っ飛べば、その時、反省が働く。安全装置が一つ一つできる。指一本が

次の世代に長く続く安全をつくった」(養成工一期生・山下元良)
「働かす、働かす。そりゃあ厳しい。奴隷《どれい》化だったね。そういう時代の人たちは夫を含めて、みんな礎《いしずえ》だったと思いますね。そんな無名の人たちの下積みが今のトヨタを、そして今の日本を作ってきたんだろうと思いますけどね」(山下の妻・信恵)
「単調な仕事に服しつつも、そのなかのどの工程に無駄が隠れているかを探し続けることが大切で、その発見、つまり職場で居候《いそうろう》になってしまっている部分を見つける。それを提言し、改善をすれば認められ、表彰を受ける。その達成感が、ラインの中の人間性回復の部分だった」(同一期生・杉浦芳治)
本書にもし価値があるとしたら、記事モニター会社にも換算できない、現場の証言の重さだろうか。

読売新聞東京本社元編集委員
(現・読売巨人軍球団代表)
清武　英利

文庫版あとがき

トヨタ自動車の「政界番」と呼ばれた上坂凱勇《よしお》が、東京での生活に終止符を打ったのは、二〇〇三年六月末のことである。副社長から相談役へと退き、東京・紀尾井町の宿舎から名古屋の家族のもとに戻った。彼の単身赴任は約三十年に及んだ。

上坂は東京支社秘書部長だった一九九〇年に、元専務の木村清から、政官界への渉外を託されていた。木村は「自動車業界の政治部長」の異名を取った人物で、総選挙の応援に駆けつけたり、当時の自民党幹事長・小沢一郎と会談したり、税制改正に動いたりした姿が新聞紙上に報じられている。その木村の後任だから、上坂は政界番としては二代目だったことになる。

上坂の盟友が、二〇〇一年に亡くなった東京電力副社長の山本勝であった。融通無《む》碍《げ》で酒豪。政治家から官僚、総会屋に至るまで幅広く人脈を広げ、その告別式には約三千人の弔問客が集まった。上坂が自動車業界、山本が電力業界の裏方を務め、二人で連絡を取り合っては、財界の流れを決めていた。

山本が亡くなった後、東電は原発のトラブル隠しなど不祥事が相次いだ。すると、「山本副社長がいればこうはならなかった」という声が社内外から起きた。東電は代え難い藩屏《はんぺい》を失ったというのである。

それを聞いて、山本を重用した東電元会長の荒木浩は、幹部に言った。

「『山本が生きていたなら』とみんなが言う。しかし逝《い》ってしまうと、何も残らなかった。もう、山本のような仕事をしてはいけない」

政治家や官僚に躙《にじ》り寄り、養い、直言し、時にはダーティワークをも司《つかさど》る。「かくあるべし」という答えのない政・官界対応である。それを個人の人間力で凌《しの》ぐ時代は終わりを迎えている――。元会長はそう自戒を込めて言ったのだ、と周囲は受け止めた。

一方、残された上坂も口をつぐみ、ほころびを見せることなく表舞台から去った。ただし、初代の木村から続く、トヨタの「渉外」のたたずまいは、「三代目」の世代に引き継がれているように見える。

トヨタ中興の祖といわれる石田退三がこんな言葉を残している。

「ワキ役でつとめよ。人間は何事にも、出番を待つ間の修行が大切である。そうして、あせらず、おこたらず、しかも、いつ出番が来てもよろしいように用意万端をととのえておかねばならぬ」

上坂はその石田が会長だった時代に入社している。石田流の気配りが骨の髄まで染《し》みこんでいる世代だ。選挙となれば、上坂は自民党候補を支援するために、全国の協力会社やディーラーを駆け回った。それで体を悪くしたこともあるが、日帰りと決めていた。泊まれば、宿から宴席まで地元の関係者に気を遣わせるからだ。

客を迎えると、食事から土産に至るまで細かく口を出した。自身、「海苔《のり》一枚でも手を抜くな」と育てられてきた。トヨタの接待施設で賓客に朝食を出そうとして、上司から叱《しか》られたことがある。上司は朝食の海苔を陽に透かして言った。「薄すぎる。トヨタがこんな海苔を出しては恥ずかしい」。上坂は後輩たちにしばしばその話をした。

上坂が政界番を退く半月前、トヨタの戦前、戦中、戦後を生き抜いた養成工一期生、岡田栄次が息を引き取った。七十八歳だった。岡田の弟二人も養成工である。「トヨタ自動車の岡田一家」と呼ばれ、岡田は一期生で初めて部長代理に上り詰めた。二〇〇三年四月に刊行された本書の初刊本が届いた直後に倒れ、トヨタ記念病院に入院した。「トヨタという会社は、みんなが苦労してここまで来たんだ」というのが口癖で、子供たちは棺桶《かんおけ》に、岡田がいつも枕元に置いていた本書を納めた。

残った養成工一期生たちもすでに八十歳を超えた。

豊田佐吉に始まる豊田家をトヨタの時間軸とすれば、岡田ら養成工一期生は、佐吉の長男である喜一郎の第二世代、上坂は佐吉の孫の章一郎らを支えた第三世代ということになる。その第三世代も章一郎を除いてほぼ一線から去り、曾孫《ひまご》の章男ら第四世代がトヨタグループのトップをうかがう時代となった。

岡田が生産現場の代表として、「日本人を見ていて下さい。今履いている下駄《げた》をすべて（トヨタの）自動車に変えてみせます」と米国の新聞記者に胸を張ったのは一九五一年のことである。それから五十五年過ぎて、トヨタは、喜一郎による創業から七〇周年となる二〇〇七年を前に、米ゼネラル・モーターズ（GM）を追い抜いて世界一に躍り出る勢いだ。

横ばいの日本市場を除けば、北米、アジア、欧州などの市場で大きく販売台数を伸ばしているためで、二〇〇六年には、ダイハツ、日野自動車を含むグループ世界生産台数を前年比約八〇万台増の九百六万台に設定している。

二〇〇五年に世界生産累計三千万台を達成したカローラは、〇六年中に十代目が登場する。トヨタの先端技術の象徴でもあるハイブリッド車は、さらに車種を増やして、後続メーカーとの差を広げそうだ。

一方のGMグループは、アジアや中南米市場での健闘で、二〇〇五年の世界販売は九百十七万台と久しぶりに九〇〇万台に乗せたものの、主戦場の北米市場では急激に市場占有率を落とし、工場の閉鎖、生産の縮小を余儀なくされている。並ぶ者のない巨人と称された大企業も、「投資不適格」にまで格付けを下げられ、破綻《はたん》の懸念までささやかれている。

トヨタはロシアに生産拠点を設けるなど、世界規模での増産体制構築に手を休めておらず、モノづくり世界一への歩みを早めている。

二〇〇六年一月

清武英利

解説

佐野眞一

スーパー・ダイエーを創業して目も眩《くら》むような成長に導き、戦後最大の成功経営者の名をほしいままにしてきた中内㓛《いさお》が、ダイエーの産業再生機構入りと同時に、一転、戦後最大の失敗経営者の烙印《らくいん》を押されて日本の産業界から退場を命じられ、無念と失意のうちに他界したのは、二〇〇五年九月十九日だった。

中内の葬儀は死してなおダイエーを経営破綻《はたん》させた責任を問うように、産業再生機構の支援を受けて再建中の新生ダイエーの社葬としてはとり行われなかった。

その死から約一カ月半後の十一月三日、中内が創立した神戸の流通科学大学で行われた「学園葬」が、戦後世界に巨大な消費社会の地平を切り開き、〃カリスマ〃といわれた男に報いる唯一の公的な弔いの場となった。

「学園葬」には、岡田卓也（イオン名誉会長相談役）や西川善文（三井住友銀行特別顧問）などに混じってトヨタ自動車名誉会長の豊田章一郎も参列した。中内と豊田の関係は、中内がトヨタ自動車販売会社のネッツトヨタウエスト兵庫の社長、会長、そして晩年は代表権のない最高顧問を歴任したことが縁となった。

豊田章一郎を流通科学大学まで引率したのはダイエーの元社員で、ネッツトヨタウエスト兵庫社長の青井一美だった。

かつて中内ダイエー首都圏制圧の切り込み隊長として活躍した青井は、トヨタ自動車の販売会社に移ってからも中内への報恩を忘れず、同社の役員に遇することで零落した中内を経済的に支えてきた。

豊田は青井の案内で中内の遺影に献花した後、わざわざ控室まで出向いて遺族に心尽くしの声をかけた。

中内の晩年はそれまでの栄光とは真っ逆さまの暗転の人生だった。

経営破綻の責任をとってダイエーの全役職を辞任した中内は、すでに複数の銀行の担保に入っていた芦屋《あしや》市六麓荘《ろくろくそう》町の別荘や東京・田園調布の自宅など個人資産のすべてを手放さざるを得ない境遇に追い込まれた。

それればかりか、同様の状況にある三人の子どもたちの住む家屋敷まで銀行に取り立てられる可能性が、中内の死によって加速されている。

中内の死は、残された家族の解体に及ぼうとしている。青井には豊田章一郎の遺族への挨拶《あいさつ》がそのことを気遣い、残された未亡人や子どもたちの将来を思いやる深々とした言葉に聞こえた。

そしてそれこそが、日本のリーディングカンパニーのトヨタ自動車をこれまで支えてきた精神の神髄ではないか。トヨタ自動車の販売会社で二十五年以上過ごしてきた青井は、あらためてそう思った。

本書を読んで最初に脳裏に浮かんだのは、中内の遺族の行く末に格別の思いを馳《は》せる気配りを見せた豊田章一郎のそんなエピソードだった。

トヨタ自動車は、二〇〇六年にアメリカのGM（ゼネラル・モーターズ）を抜いて生産台数世界一達成が確実視されている。

経常利益は一兆円を楽々と突破し、赤字なしの健全経営が半世紀以上にわたってつづいている。

トヨタ自動車は日本を代表するガリバー型大企業というより、アメリカ、ヨーロッパをはじめとする海外の各地に生産工場をもち、約二十五万人の従業員を擁する地球規模のマンモス企業である。

そのトヨタ自動車の淵源《えんげん》となる自動織機の発明からはじまる豊田一族の八十有余年の歴史、東京電力の百倍はあるといわれるえげつないまでの政治力、必要なものを必要なときだけつくり、いまやトヨタ自動車の代名詞ともなっている〃かんばん方式〃の内実、そしてあまりの露骨さに開いた口がふさがらないほどの労使一体化路線の実態などをつぶさに検証した本書で最も印象に残るのは、家族を擬制としたその独特の企業風土である。

それは経営家族主義というのも愚かしいほどの完膚なさである。中内の遺族に対する豊田章一郎のねぎらいの言葉も、おそらくそこから出ている。

愛知県豊田市トヨタ町一番地に本社を置くトヨタ自動車は、尊称とも蔑称《べっしょう》ともつかぬニュアンスで常々〃偉大なる田舎企業〃といわれてきた。

私はこの本を読みながら、田舎の古い大きな家のうす暗い奥座敷にかけられた見知らぬ老人たちのセピア色の肖像写真をなぜか思い出し、正直いって、何度もうんざりした気分にさせられた。

自分とは縁もゆかりもない他家の先祖の肖像写真を自慢たらしく見せられて、あれこれもっともらしい解説をされたときほど、砂を嚙《か》むような気持ちになることはない。

その肖像写真はいうまでもなく、豊田式自動織機を発明して今日の繁栄を約束したトヨタグループ創祖の豊田佐吉や、トヨタ自動車を創業した豊田喜一郎などをはじめとする豊田家一家眷属《けんぞく》の面々である。

トヨタ自動車はよく〝小さな宗教国家〟と比喩《ひゆ》される。そのアナロジーを援用すれば、彼らの肖像写真は、鄙《ひな》びた三河の地で産声《うぶごえ》をあげた奇妙な新興宗教教祖一家の〝御真影〟のようにも見える。

その伝でいうなら、豊田家の発展に喜んで身も心も捧げ抜いた大番頭の石田退三や、〝自動車業界の政治部長〟の異名をとり、水も漏らさぬマスコミ対策からダーティワークまで取り仕切った上坂凱勇《よしお》（トヨタ自動車元副社長）は、この〝小さな宗教国家〟に忠実に仕える敬虔《けいけん》な使徒だったといえる。

そのことが、私をなお一層やりきれない気持ちにさせた。

本書によれば、トヨタ自動車の本社がある豊田市には、トヨタの社名を冠した立派な施設があふれかえっているという。

病院、スポーツセンター、老人保健施設はいうに及ばず、トヨタ生協ではレストランから介護用品の販売、果ては葬祭場まで営む。

トヨタ自動車の〝企業城下町〟には、まさに〝揺りかごから墓場まで〟を地で行く至れり尽くせりの布陣が敷かれている。

トヨタ自動車の「技能者養成所」を前身とするトヨタ工業学園はすでに一万五千人を超える卒業生を送り出している。

また、トヨタ自動車労組は衆参両院に国会議員を送り出し、地元愛知県議会や豊田市議会などの地方議会にはトヨタ自動車出身議員が多数の議席を占めて、〝トヨタ閥〟ともいうべき一大勢力を形成している。

トヨタ自動車を十重《とえ》二十重《はたえ》に取り囲むこうしたセーフティーネットの充実ぶりは世界にも類がない。

社員を絶対一人にさせない。これが、同社の創業以来の労務管理の鉄則となっているという。

だが、そんな用心深さが堅実さや健全さとは感じられず、むしろ不気味さと違和感をかもしだす源泉となっているように感じられてしまうのはなぜなのだろうか。

あまりにも行き過ぎた配慮は、後ろめたさを隠した底意に通じる。

本書のなかに、トヨタ工業学園の一期生が答えた興味深いアンケート結果が紹介されている。当時十代の養成工として、時には旋盤で指を飛ばされながらトヨタ自動車の基礎づくりに献身した元職工たちも、いまはすべて七十代後半の高齢者である。

ほとんどの元職工がトヨタ自動車で働けたことの喜びとプライドを語っているなかで、私の目を射って強く印象に残ったのは、それとは正反対のこんな一言だった。

〈トヨタのことはもう忘れてしまったので、話したくない〉

この深い沈黙のなかにこそ、豊田家を擬制の家族として三河の〝密教集団〟から世界企業に列せられるまでにのしあがったトヨタ自動車成長の本当の秘密が隠されているのではないか。

豊田喜一郎が創業したトヨタ自動車の歴史は、豊田家の血脈と求心力を絶やさぬよう腐心して連綿と七十年近くに及ぶ。

これに対し、流通業界の風雲児と謳《うた》われた中内㓛が一代で興《おこ》した巨大流通帝国の中内ダイエーは、豊臣秀吉が辞世の句として詠《よ》んだと伝えられる「難波《なにわ》のことも夢のまた夢」を再現するように、あっけなく一代限りで滅びた。

そして残された家族は、莫大《ばくだい》な負の遺産を背負わされ、創業者の中内が晩年に陥った状況と同様、悲劇の境遇を辿《たど》ろうとしている。

価格破壊を標榜《ひょうぼう》して既存の価値観に挑戦して破れ去った中内ダイエーが日本の産業界の敗残兵だったとするなら、豊田家を守り本尊として急成長をつづけたトヨタ自動車は歓呼と称賛の声に包まれた日本産業界の凱旋《がいせん》将軍だといえる。

永遠の企業生命を祈念して擬制の家族づくりにいまも勤《いそ》しむ豊田一族は、まごうことなく日本の企業家のベスト&ブライテストの鑑《かがみ》となっている。

だが、そんなサクセスストーリーの見本のようなトヨタ自動車のまばゆいばかりの軌跡より、一代で絶頂から奈落の底に転げ落ち、華々しく散って歴史から消え去ろうとしている中内ダイエーの末路に強く心ひかれるのは、私の感傷癖のせいだけなのだろうか。

（二〇〇六年二月、ノンフィクション作家）

トヨタ略年譜

年	トヨタ関連事項	業界・社会一般
一八六七（慶応三）	二月一四日　豊田佐吉、遠江国敷知郡山口村（現・静岡県湖西市）で出生	一〇月　大政奉還
一八九〇（明治二三）	一一月　佐吉、豊田式木製人力織機を完成	一一月　ダイムラー自動車会社設立
一八九四（明治二七）	六月一一日　喜一郎誕生 ☆佐吉、糸繰返機を発明	八月　日清戦争勃発
一八九七（明治三〇）	☆佐吉、豊田式木製動力織機（日本初の動力織機）を完成	
一八九九（明治三二）		一〇月　ルノー社設立
一九〇三（明治三六）		六月　フォード社設立
一九〇四（明治三七）		二月　日露戦争勃発
一九〇八（明治四一）		九月　GM社設立
一九一〇（明治四三）	五月　佐吉、紡織業視察のため欧米へ	
一九一四（大正三）		七月　第一次世界大戦勃発
一九一五	一〇月　児玉利三郎、佐吉の娘・愛子と結婚	

（大正四）		
一九一八（大正七）	一月 豊田紡織株式会社設立 一〇月 佐吉、上海の紡織業を視察	
一九一九（大正八）		六月 ヴェルサイユ条約調印
一九二〇（大正九）	八月 利三郎・喜一郎、紡織業視察のため欧米へ	三月 鈴木式織機株式会社設立（九〇年一〇月、スズキ株式会社に改称）
一九二一（大正一〇）	一一月 上海に豊田紡織廠設立	
一九二三（大正一二）		九月 関東大震災
一九二五（大正一四）		六月 クライスラー社設立
一九二六（大正一五）	一一月 豊田自動織機製作所設立	
一九二七（昭和二）		九月 東洋工業設立（八四年五月、マツダに改称）
一九二九（昭和四）	☆喜一郎、自動車事情視察などのため欧米へ	五月 石川島自動車製造所（のちのいすゞ自動車株式会社）設立 一〇月 世界恐慌始まる
一九三〇	三月 喜一郎、小型ガソリンエンジンの研究を開始	

（昭和五）	一〇月三〇日　佐吉死去	
一九三一（昭和六）		九月　満州事変始まる
一九三三（昭和八）	九月　自動車部発足	三月　日本、国際連盟を脱退 一二月　自動車製造設立（翌年六月、日産自動車に改称）
一九三四（昭和九）	一月　自動車事業進出を正式決定	四月　三菱重工業設立
一九三五（昭和一〇）	五月　A1型乗用車試作第一号車、G1型トラック完成 一〇月　「豊田綱領」制定	
一九三六（昭和一一）	六月　東京芝浦に自動車研究所設立 九月　自動車製造事業法の許可会社に指定される ☆喜一郎、「ジャスト・イン・タイム」を提案	二月　二・二六事件 五月　自動車製造事業法公布
一九三七（昭和一二）	八月　トヨタ自動車工業設立（社長・利三郎、副社長・喜一郎）	七月　日中戦争勃発
一九三八（昭和一三）	一一月　挙母工場（日本最大規模）操業開始。豊田工科青年学校開校（翌年四月、養成工教育開始）	五月　国家総動員法施行
一九三九（昭和一四）	一二月　年産一万台、年間国内販売一万台を達成	九月　第二次世界大戦勃発
一九四一（昭和一六）	一月　利三郎が会長、喜一郎が社長に就任 一二月　戦前最高の月産台数を達成（二〇六六台）	一二月　真珠湾攻撃（太平洋戦争勃発）
一九四四	一月　軍需会社に指定される	

（昭和一九）		
一九四五（昭和二〇）	八月一四日　挙母工場被爆	七月　ポツダム宣言 八月　広島・長崎に原子爆弾投下、終戦
一九四六（昭和二一）	一月　トヨタ自動車コロモ労働組合結成	一月　自動車製造事業法廃止
一九四七（昭和二二）	六月　GHQ、制限付きで乗用車生産許可（大型乗用車五〇台）	五月　日本国憲法施行
一九四八（昭和二三）		四月　自動車工業会発足 九月　本田技研工業設立
一九四九（昭和二四）	四月　労組結成後、初のストライキ 一〇月　GHQ、乗用車生産制限解除	三月　ドッジ・ライン発表
一九五〇（昭和二五）	四月　トヨタ自動車販売設立（工販分離）、神谷正太郎が社長に就任 四～六月　労働争議。喜一郎、社長を辞任 七月　石田退三、社長に就任 ☆朝鮮特需（～五一年）で業界全体の売上約八二億円を計上（その半分近くをトヨタが占める）	六月　朝鮮戦争勃発
一九五一（昭和二六）		九月　日米安全保障条約調印
一九五二（昭和二七）	三月二七日　喜一郎死去 六月三日　利三郎死去	

一九五三（昭和二八）	三月　会社代表標語「よい品よい考」を制定	七月　富士重工業設立
一九五四（昭和二九）	六月　労働争議（八月妥結） ☆スーパーマーケット方式（後のかんばん方式）、一部の工場で導入	七月　自衛隊発足
一九五五（昭和三〇）	一月　初の本格乗用車トヨペット・クラウン（RS型）を発売	五月　通産省、国民車構想発表
一九五六（昭和三一）	九月　国民車試作第一号車発表	七月　経済白書で「もはや戦後ではない」 一二月　国際連合加盟
一九五七（昭和三二）	七月　トヨペット・コロナ（ST一〇型）を発売 一〇月　米国トヨタ自動車販売設立	一〇月　ソ連、初の人工衛星打ち上げ成功 ☆なべ底不況（〜五八年）
一九五八（昭和三三）		☆岩戸景気（〜六一年）
一九五九（昭和三四）	一月　市名変更により、本社所在地を「豊田市トヨタ町一番地」に改める	
一九六〇（昭和三五）	一一月　年間国内販売一〇万台を達成	六月　新安保条約成立 一二月　所得倍増・高度経済成長政策策定
一九六一（昭和三六）	六月　パブリカ（UP一〇型）を発売 八月　石田退三が会長、中川不器男が社長に就任	
一九六二	二月　労使宣言調印	

(昭和三七)		
一九六三(昭和三八)	☆かんばん方式、全工場へ広がる	一一月 ケネディ大統領、暗殺される
一九六四(昭和三九)		一〇月 東海道新幹線開業、東京オリンピック開催
一九六五(昭和四〇)	七月 クラウンに国産車初のエアコンを搭載	七月 名神高速道路全面開通 ☆いざなぎ景気(～七〇年)
一九六六(昭和四一)	一一月 カローラ(KE一〇型)を発売 一二月 年間輸出一〇万台を達成	五月 中国、文化大革命始まる
一九六七(昭和四二)	五月 トヨタ二〇〇〇GT(MF一〇型)を発売 一〇月 中川不器男社長死去(一三日)。豊田英二、社長に就任	七月 EC(ヨーロッパ共同体)発足
一九六八(昭和四三)	四月 カローラ対米輸出開始	
一九六九(昭和四四)	一二月 年間国内販売一〇〇万台を達成 ☆カローラ、大衆車市場で販売台数トップに	五月 東名高速道路全面開通 七月 アポロ11号、人類初の月面着陸に成功
一九七〇(昭和四五)	一二月 カリーナ(TA一〇型)、セリカ(TA二〇型)を発売	三月 大阪で日本万国博覧会開催
一九七二(昭和四七)	一二月 斎藤尚一、会長に就任	五月 沖縄本土復帰 六月 田中通産相「日本列島改造論」を発表

一九七三（昭和四八）		一〇月　石油ショック
一九七四（昭和四九）	☆カローラ、世界第一位の量産車となる	
一九七五（昭和五〇）	一二月　自販、神谷正太郎が会長に、加藤誠之が社長に就任	一一月　第一回サミット開催
一九七六（昭和五一）	一二月　年間輸出一〇〇万台を達成	二月　ロッキード事件
一九七七（昭和五二）	一〇月　国内保有台数一〇〇〇万台突破	☆輸出額で自動車が鉄鋼を抜き一位に
一九七八（昭和五三）	六月　社債の償還を完了、無借金経営に 九月　花井正八、会長に就任 一二月　米で乗用車、トラック、総販売台数が輸入車第一位に（トリプルクラウン達成）	四月　自動車輸入関税0％に 五月　新東京国際空港（成田空港）開港 八月　日中平和友好条約調印
一九七九（昭和五四）	五月　輸出累計一〇〇〇万台を達成 六月　自販、神谷正太郎が名誉会長、加藤誠之が会長、山本定蔵が社長に就任 九月一八日　石田退三死去	六月　東京サミット開催
一九八〇（昭和五五）	四月　クレスタ（GX五〇型）を発売 一一月　国内販売累計二〇〇〇万台、年産三〇〇万台（GM社に次ぎ世界第二位）を達成。章一郎、デミング賞本賞受賞 一二月二五日　神谷正太郎死去	九月　イラン・イラク戦争勃発 一二月　日本の自動車生産台数一〇〇〇万台強で世界第一位に

一九八一（昭和五六）	一月 豊田工業大学開学 二月 ソアラを発売	五月 対米自動車輸出自主規制開始
一九八二（昭和五七）	一月 ソアラ、日本カー・オブ・ザ・イヤーを受賞 七月 自工と自販が合併し、トヨタ自動車株式会社発足。英二が会長、山本重信が副会長、章一郎が社長に就任	二月 ホテル・ニュージャパン火災
一九八四（昭和五九）	二月 GM社との合弁会社NUMMI社生産開始 四月 セリカ、サファリラリーで総合優勝（八五年、八六年も総合優勝）	
一九八五（昭和六〇）	一月 トヨタMR2、日本カー・オブ・ザ・イヤーを受賞	四月 NTT、日本たばこ産業発足
一九八六（昭和六一）	二月 スープラ（MA七〇型）を発売 五月 章一郎、日本自動車工業会会長に就任	五月 東京サミット開催
一九八七（昭和六二）	☆カーナビ一号機をクラウンに搭載	四月 国鉄分割民営化
一九八八（昭和六三）	一〇月 豊田佐吉記念館開館	
一九八九（平成元）	四月 トヨタ博物館竣工 一〇月 セルシオを発売	四月 消費税3%スタート
一九九〇（平成二）		一〇月 東西ドイツ統一
一九九二（平成四）	九月 章一郎、会長に就任	

一九九四（平成六）	九月　英二、米国自動車殿堂入り	三月　対米自動車輸出自主規制撤廃
一九九五（平成七）	八月　奥田碩、社長に就任	一月　阪神淡路大震災
一九九七（平成九）	一二月　プリウス（世界初のハイブリッド量産車）を発売	
一九九九（平成一一）	一月　Ｆ1参戦を表明 六月　英二が最高顧問、章一郎が名誉会長、奥田碩が会長、張富士夫が社長に就任	三月　日産とルノー資本提携調印 九月　東海村ＪＣＯ臨界事故
二〇〇〇（平成一二）	六月　豊田章男、最年少取締役に就任	
二〇〇一（平成一三）	☆カローラ、生産累計二五〇〇万台を達成 ☆世界シェア10％を突破（ＧＭ、フォードに次ぎ世界第三位）	九月　米国同時多発テロ
二〇〇二（平成一四）	三月　経常利益が日本企業として初めて一兆円を突破 四月　「二〇一〇年グローバルビジョン」発表、世界シェア15％の目標を掲げる 五月　奥田碩、日本経団連会長に就任 ☆カローラ、全世界での年間販売台数が初めて一〇〇万台を突破。だが国内販売台数では三四年ぶりに首位を明渡す（一位はホンダのフィット）	六月　日韓共催ワールドカップ
二〇〇三（平成一五）	三月　トヨタホーム株式会社（住宅販売会社）を設立 一一月　中国に一汽トヨタ自動車販売有限会社を設立	三月　中国の国家主席に胡錦涛、新首相に温家宝が就任。米英軍が

		イラク攻撃を開始 五月　りそなグループに公的資金一兆九六〇〇億円の注入決定
二〇〇四 （平成一六）	八月　ETC車載器累計販売台数（セットアップ件数）が一〇〇万台を突破 九月　中国に広州トヨタ自動車有限会社設立 一二月　トヨタ一汽（天津）金型有限会社がプレス金型を、一汽トヨタ（長春）エンジン有限会社がエンジンを、それぞれ生産開始	三月　三菱ふそうが大型トレーラーのリコールを発表 五月　北朝鮮拉致被害者家族五人が帰国 八月　アテネ五輪開幕
二〇〇五 （平成一七）	四月　トヨタ白川郷自然学校が開校 六月　張富士夫が副会長、渡辺捷昭が社長、豊田章男が副社長に就任 一〇月　カムリ販売累計一〇〇〇万台を突破	三月　愛知万博が開幕 四月　中国で数万人規模の反日デモ 九月　衆院選で自民党が圧勝

※参考資料『創造　限りなく　トヨタ自動車50年史』『トヨタをつくった技術者たち』（共にトヨタ自動車株式会社発行）

この作品は二〇〇三年四月新潮社より刊行された『豊田市トヨタ町一番地』を改題し加筆したものである。

トヨタ伝《でん》

新潮文庫　よ - 23 - 3

平成十八年四月一日発行

著者　読売新聞特別取材班《よみうりしんぶんとくべつしゅざいはん》

発行者　佐藤隆信

発行所　株式会社 新潮社

郵便番号　一六二―八七一一
東京都新宿区矢来町七一
電話 編集部(〇三)三二六六―五四四〇
電話 読者係(〇三)三二六六―五一一一
http://www.shinchosha.co.jp

価格はカバーに表示してあります。

印刷・錦明印刷株式会社　製本・錦明印刷株式会社

ISBN4-10-134833-2 C0195